環境社会
教　科　書

改訂9版公式テキスト対応版

eco検定

テキスト&問題集

鈴木和男 著

SE
SHOEISHA

本書内容に関するお問い合わせについて

このたびは翔泳社の書籍をお買い上げいただき、誠にありがとうございます。弊社では、読者の皆様からのお問い合わせに適切に対応させていただくため、以下のガイドラインへのご協力をお願い致しております。下記項目をお読みいただき、手順に従ってお問い合わせください。

●ご質問される前に

弊社Webサイトの「正誤表」をご参照ください。これまでに判明した正誤や追加情報を掲載しています。

正誤表　https://www.shoeisha.co.jp/book/errata/

●ご質問方法

弊社Webサイトの「書籍に関するお問い合わせ」をご利用ください。

書籍に関するお問い合わせ　https://www.shoeisha.co.jp/book/qa/

インターネットをご利用でない場合は、FAXまたは郵便にて、下記"翔泳社 愛読者サービスセンター"までお問い合わせください。
電話でのご質問は、お受けしておりません。

●回答について

回答は、ご質問いただいた手段によってご返事申し上げます。ご質問の内容によっては、回答に数日ないしはそれ以上の期間を要する場合があります。

●ご質問に際してのご注意

本書の対象を超えるもの、記述個所を特定されないもの、また読者固有の環境に起因するご質問等にはお答えできませんので、予めご了承ください。

●郵便物送付先およびFAX番号

送付先住所　　〒160-0006　東京都新宿区舟町5
FAX番号　　　03-5362-3818
宛先　　　　　（株）翔泳社 愛読者サービスセンター

はじめに

　私たちが住む地球は約46億年前に生まれました。その地球が今、温暖化をはじめ多くの環境問題を抱えています。そのため家庭でも、産業界でも「環境」への配慮・改善が当たり前の時代になってきました。

　特にここ数年、日本では線状降水帯の発生や大型台風で洪水被害が多発、そして観測史上最高気温を更新しました。日本のみならず、2022年9月にはパキスタンで国土の3分の1が水没し1万2千人以上の死者が、23年9月にはリビアで豪雨による洪水で死者・行方不明者2万人以上となりました。それとは反対に、ここ数年前から米国カルフォルニア、カナダ、オーストラリアなど多くの場所では高温が続き、森林火災が多発するなど、大きな被害が続いています。22年には、欧州でも熱波による干ばつや森林火災が、ドイツではライン川が干ばつに見舞われました。23年7月、国連のアントニオ・グテーレス事務総長は「地球温暖化の時代は終わり、地球沸騰化の時代に入った。」と警告しました。まさにWarming（温暖）からBoiling（沸騰）なのです。

　環境社会検定試験®（eco検定）は、2006年10月の第1回試験から始まり、毎年2回実施され、毎回2万人弱の方々がエコピープル（eco検定合格者の通称）として誕生しています。環境問題を「地球規模で考え、行動は足元から」と考え行動するエコピープルが増えれば増えるほど、社会は変えられるのではと思います。

　本書は、eco検定の**第1回試験から受験対策講座の講師として8,500人以上**の方々を指導し、多くの合格者を輩出した実績をもとに、出題傾向を分析し、作成した対策本です。

　本書では、eco検定の出題範囲の中で、**試験に出る重要ポイント**をより理解しやすくするために、実例なども交えて解説しています。特に「コラム」は環境実践の場でも役に立つような情報や、最新の環境関連情報を提供しています。

　また、節ごと章ごとに、重要な部分を理解できているかどうかの「ミニテスト」「章末問題」を用意しました。さらに総まとめとして、問題を2種類（確認問題と模擬問題）掲載しています。巻末には「覚えておきたい重要キーワード集」もありますので、総復習や直前対策にも活用できます。

　本書を十分に活用いただき、エコピープルとして活躍される方が1人でも多く増えますことを祈っております。

2023年9月吉日

鈴木　和男

本書の使い方

　本書はeco検定に**一発合格**するために、学習を効率的に進められるよう構成されています。さらに、合格したあとの環境活動や日常生活に役立つ情報についてもわかりやすく解説しています。

　eco検定の試験問題の多くは、『**改訂9版 環境社会検定試験®eco検定公式テキスト**』（東京商工会議所 編著、日本能率協会マネジメントセンター、2023年）から出題されます。本書では、この本を「公式テキスト」と略記しています。そのほかにeco検定に出題されることのある政府刊行物として**『環境白書』**があります。『環境白書』は、環境省のホームページ（http://www.env.go.jp/）で公開されているので参考にするとよいでしょう。

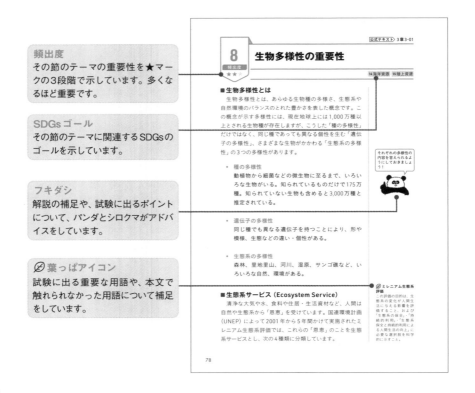

頻出度
その節のテーマの重要性を★マークの3段階で示しています。多くなるほど重要です。

SDGsゴール
その節のテーマに関連するSDGsのゴールを示しています。

フキダシ
解説の補足や、試験に出るポイントについて、パンダとシロクマがアドバイスをしています。

🌿 葉っぱアイコン
試験に出る重要な用語や、本文で触れられなかった用語について補足をしています。

公式テキスト 3章 3-01

8 生物多様性の重要性
頻出度 ★★★

14 海洋資源　15 陸上資源

■生物多様性とは
　生物多様性とは、あらゆる生物種の多様さ、生態系や自然環境のバランスのとれた豊かさを表した概念です。この概念が示す多様性には、現在地球上には1,000万種以上とされる生物種が存在しますが、こうした「種の多様性」だけではなく、同じ種であっても異なる個性を生む「遺伝子の多様性」、さまざまな生物がかかわる「生態系の多様性」の3つの多様性があります。

それぞれの多様性の内容を答えられるようにしておきましょう！

・ 種の多様性
動植物から細菌などの微生物に至るまで、いろいろな生物がいる。知られているものだけで175万種。知られていない生物も含めると3,000万種と推定されている。

・ 遺伝子の多様性
同じ種でも異なる遺伝子を持つことにより、形や模様、生態などの違い・個性がある。

・ 生態系の多様性
森林、里地里山、河川、湿原、サンゴ礁など、いろいろな自然、環境がある。

🌿 ミレニアム生態系評価
この評価の目的は、生態系の変化が人間生活に与える影響を評価すること、および「生態系の保全」「持続的な利用」「生態系保全と持続的利用による人間生活の向上」に必要な選択肢を科学的に示すこと。

■生態系サービス（Ecosystem Service）
　清浄な大気や水、食料や住居・生活資材など、人間は自然や生態系から「恩恵」を受けています。国連環境計画（UNEP）によって2001年から5年間かけて実施されたミレニアム生態系評価では、これらの「恩恵」のことを生態系サービスとし、次の4種類に分類しています。

78

学習のステップ

ステップ1 まずは第1章から第5章までの本文をしっかり理解！

公式テキストをお持ちの方にわかりやすいよう公式テキストの構成に沿って構成しています。

ステップ2 「ミニテスト」と「章末問題」で知識を定着！

節ごとのミニテストで重要なポイントについて確認できます。章末問題で全体の理解度をチェックし、知識を定着させましょう。

ステップ3 「力試し！確認問題」で全体の理解度チェック！

過去の出題内容で特に頻出度の高いところを厳選しました。理解できているかどうかを確認してみましょう。

ステップ4 「模擬問題」にチャレンジ！

模擬問題1回分を掲載しています。実際の試験時間（90分）以内で解いて、本試験の感覚をつかみましょう。

ステップ5 「覚えておきたい重要キーワード集」で再確認と直前対策！

キーワードを一通り見て、意味のわからないものやうろ覚えのものがないか確認しましょう。直前対策としても使えます。

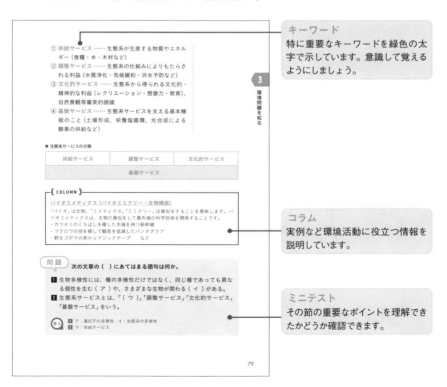

キーワード
特に重要なキーワードを緑色の太字で示しています。意識して覚えるようにしましょう。

コラム
実例など環境活動に役立つ情報を説明しています。

ミニテスト
その節の重要なポイントを理解できたかどうか確認できます。

目次

第1章　持続可能な社会に向けて　　13

第2章　地球を知る　　31

第3章　環境問題を知る　51

第4章 持続可能な社会に向けたアプローチ 139

第5章 各主体の役割・活動 155

力試し！確認問題   193

模擬問題   219

覚えておきたい重要キーワード集   241

eco検定の概要

eco検定とは？

　eco検定は、東京商工会議所が主催する試験で、正しくは「環境社会検定試験®」(eco検定)といいます。地球の環境問題の現状や制度、取り組み、技術など、環境についての幅広い知識や理解が問われる試験です。

　環境に関する技術やものづくりは日々研究が進み、社会でのシステムづくりも着々と進められています。しかし、それらを動かし、享受するのはまさに"人"です。環境に対する幅広い知識を持ち、社会の中で率先して環境問題に取り組む"人づくり"、そして環境と経済を両立させた「持続可能な社会」を目指すのが、eco検定なのです。

eco検定に合格すると何の役に立つの？

　認定資格ではないため、合格により特定の仕事に結び付くわけではありません。

　eco検定の大きな意義は、環境についての基本的な知識を持つことができることです。eco検定の目指すところは、グローバルな「地球環境の改善・保全と持続可能な社会の形成」です。つまり、一人ひとりが環境についての基本的な知識を持つことで、ローカルな身近な問題として環境問題をとらえられるようになり、また日々の生活においても環境に配慮した行動を取れるようになることです。また、基本知識を持てば、新聞やテレビ、インターネットなどから得られる社会の動きや環境関連の報道もより理解できるようになります。

ここに役立つ！

- 環境配慮商品の企画・開発や販売などビジネス展開に活用できる
- 合格者は「エコピープル」と呼ばれ、名刺などに「エコピープル」と記載することにより、顧客に印象づけられる
- 企業や組織の環境保全活動（環境マネジメントシステム推進活動、CSR活動など）の原動力になる
- 就職・転職時に、前向きな行動としてアピールできる
- 環境に対する知識や経験を通じて、子どもたちへの教育や、地域への社会貢献につなげることができる

eco検定の試験情報

項目	内容
出題方式	IBT、CBT方式による選択問題
試験時間	90分
出題範囲	『環境社会検定試験 eco検定公式テキスト』の基礎知識とその応用力を問う。出題範囲は基本的に公式テキストに準じるが、最近の時事問題などからも出題される
合格基準	100点満点、70点以上で合格
受験資格	年齢・性別・学歴・国籍による制限はない
試験期間	7〜8月、11〜12月の間のそれぞれ約3週間
申し込み日程	試験開始の約1か月前より、約10日間
申し込み方法	インターネットの公式ホームページから申し込み 公式ホームページ：https://kentei.tokyo-cci.or.jp/eco/
受験料	IBT：5,500円（消費税含む） CBT：5,500円＋CBT利用料2,200円（消費税含む）
受験場所	IBT：5,500円自宅や会社等、受験に適した環境であればどこでも可。受験に必要な機材は自分で手配する必要がある CBT：各地のテストセンターにて、備え付けのパソコンで受験

※本ページに掲載されている試験に関する情報は、2023年9月現在のものです。情報が変更される場合がありますので、受験される方は必ずご自身で試験実施機関の発表する最新情報を確認してください。

eco検定攻略のポイントは？

ポイント1　公式テキストからの出題が中心

　eco検定の試験問題は、ほとんどんが公式テキストから出題されています。環境白書や最近のニュースなどの時事問題から出題されることもありますが、まずは公式テキストの範囲の内容をしっかり理解することが大切です。

　本書は、公式テキストの内容について重要度を整理し、試験に出るポイントを分かりやすく解説しています。

ポイント2　基本的な用語・単語を理解しよう！

eco検定は、マークシート方式ですのですべて選択問題です。本文の記述だけでなく、本書の本文横に掲載している葉っぱアイコン（🌿）の用語にいたるまで、確実に正確に理解しておくことが重要です。また、巻末の「覚えておきたい重要キーワード集」で総復習してください。

ポイント3　より重要な環境問題から出題される！

eco検定は基本的知識を問うわけですから、環境問題の中でも「より重要なものは何か」を知っておくことです。

本書では、第1章〜第5章まで、公式テキストと同じ順序で解説しており、その重要度を★マークの数で示しています。

ポイント4　順位や関係性を覚えよう！

基本的には、年号や数字を細かく覚える必要はありません。しかし、世界の二酸化炭素排出量の多い国について、「第1位が中国で約3割弱、第2位は米国で約1.5割でこの2国だけで世界の4割以上を占める」など、基本的な知識の大枠な数字と関係性は覚えておく必要があります。

ポイント5　時事問題は日頃から関心を持っておこう！

日頃から新聞やテレビなどの環境関連ニュースに気をつけていることが大切です。最近の時事問題は「環境白書・循環型社会白書・生物多様性白書」からの出題もあります。環境省のホームページに概要のPDFが掲載されているので最新版のものに目を通しておきましょう。これにより高得点を得ることができます。

ポイント6　受験者個人の考えではなく、知識が問われる！

eco検定のねらいは、一人ひとりが環境についての基本的な知識を持つことで、環境問題を身近に捉え、日々の生活においても環境に配慮した行動を取れるようになることです。しかし、検定試験の性格上、受験者個人の考えを問う設問はありません。

第 **1** 章

持続可能な
社会に向けて

1
頻出度 ★ ★ ★

環境とは何か、環境問題とは何か

■環境とは

環境とは、人や人間社会を取り巻く"外界"である人間以外の生物、生態系、山、川、海、大気などの自然そのものなど**人間を取りまく全てのもの**をいいます。

■産業革命

1760年代から1830年代にかけて、イギリスで工場制機械工業の導入による産業の変革と、それに伴う社会構造の変革が行われました。イギリスを皮切りにベルギー、フランス、アメリカ、ドイツ、ロシア、日本と順次各国でも産業革命が起こりました。

産業革命以降、人類が化石燃料を使用するようになると、多くの産業が興隆し、大量生産・大量消費・大量廃棄の経済・社会となりました。人々は豊かになり、人口も爆発的に増加したのです。これらの結果、地球温暖化や公害などさまざまな環境問題が生じるようになりました。

■地域環境問題（公害）と地球環境問題

影響が地域に限定され、問題発生の原因が限定されている環境問題を地域環境問題（公害）といいます。地球規模で影響をもたらし、その影響が次世代にまで及ぶ環境問題を地球環境問題といいます。

しかし社会経済活動がグローバル化・ボーダレス化している現在では、これら2つの問題の間に明確な区分がなくなってきています。

次の図は、地域環境問題（公害）から地球環境問題へと影響が広がってきているものを示しています。

eco検定は環境について幅広い知識を問われる試験です。

🔍**化石燃料**
古代のプランクトンなどが土中で化石化したもの。たとえば、石油・石炭、天然ガスなどがある。これらは今日のエネルギー資源として欠かせないものとなっている。

公害と地球環境問題は別ものです。

● 地域環境問題から地球環境問題へ

各国の地域環境問題が、
グローバルな地球環境問題として
捉えられるようになった！

| 地域環境問題 | | 地球環境問題 |

1960 〜 1970 年代

1980 年代後半〜

特徴：
特定の企業・特定の有害物質に起因し、
問題発生製品・地域が限定されていた

特徴：
・時間的・空間的広がりを持つ
・環境影響が地球規模
・影響が次世代まで及ぶ
・起こってみないとわからない部分が大きい

大気汚染　悪臭　水質汚濁　騒音　土壌汚染　振動　地盤沈下　廃棄物問題　ヒートアイランド現象

オゾン層破壊　地球温暖化　海洋汚染　酸性雨　エルニーニョ現象　砂漠化　熱帯林の減少　生物多様性の減少

問 題 　次の文章が正しいか誤りか答えよ。

1 公害や地球温暖化などの環境問題は、人類が化石燃料を使い始めた産業革命から始まった。

2 環境問題は、地域に限定される地域環境問題と地球規模で影響を及ぼす地球環境問題に区分される。

3 水質汚濁やヒートアイランド現象は地球環境問題に分類される。

4 海洋汚染や砂漠化は地球環境問題に分類される。

 答え　**1** ○　　**2** ○　　**3** ×　地球環境問題➡地域環境問題　　**4** ○

2 頻出度 ★★☆ 世界と日本の環境問題への取り組みの歴史

■地球環境問題に対する国際的な取り組み

年	取り組み	概要
1972	ローマクラブ「成長の限界」発表	
	国連人間環境会議（ストックホルム）	「人間環境宣言」採択 会議のスローガンは「かけがえのない地球」
	国連環境計画（UNEP）設立	
1975	「ラムサール条約」発効	水鳥の生息地である湿地の保護
	「ワシントン条約」発効	絶滅のおそれのある野生動植物の種の保存
	「ロンドン条約」発効	廃棄物投棄による海洋汚染防止
1987	環境と開発に関する世界委員会（WCED）	「我ら共有の未来」を発表し「持続可能な開発」の概念を提唱
	「モントリオール議定書」採択	特定フロンを2000年に全廃することを決定
1988	「オゾン層保護のためのウィーン条約」発効	フロンガスの消費を規制
	IPCC（気候変動に関する政府間パネル）設立	温暖化に関する科学的知見の収集・評価・報告を行う国連組織
1992	リオデジャネイロ「地球サミット」開催	リオ宣言・アジェンダ21の採択、気候変動枠組条約・生物多様性条約の採択
1997	京都「気候変動枠組条約締約国会議COP3」開催	「京都議定書」採択
2000	国際ミレニアム・サミット開催	ミレニアム開発目標（MDGs）の採択
2002	ヨハネスブルク「持続可能な開発に関する世界首脳会議（WSSD）」リオ＋10開催	アジェンダ21などのフォローアップ。持続可能な開発のための教育（ESD）の推進提唱
2005	「京都議定書」発効	ロシアの批准により発効、米国は見送り
2008	「京都議定書」第一約束期間スタート	第一約束期間は2008年から2012年
	「洞爺湖サミット」開催	「環境」をテーマとした先進国首脳会議
2010	名古屋「生物多様性条約締約国会議COP10」開催	「愛知目標」「名古屋議定書」採択
2012	リオデジャネイロ「国連持続可能な開発会議」リオ＋20開催	アジェンダ21などのフォローアップ。グリーン経済の必要性を強調
2014	IPCC「第5次評価報告書」発表	21世紀末までの気温上昇を2℃未満に抑える道筋を強調
2015	「持続可能な開発のための2030アジェンダ」採択	2030年までに実現すべき17目標（SDGs）を共有
	パリ「気候変動枠組条約締約国会議COP21」	「パリ協定」採択
2017	「国連海洋会議」開催	海洋汚染や、持続可能な漁業などについて
2018	IPCC「1.5℃特別報告書」発表	「気候システムの変化と生態系」や人間社会へのリスクを警告

産業革命以降、人類は化石燃料を大量に使用し、大量生産、大量消費、大量廃棄を行っています。特に、化石燃料使用による温室効果ガスの排出により、各種公害などの「環境破壊」や、「地球温暖化」につながっています。

📝 温室効果ガス
（GHG：Greenhouse Gas）
地球温暖化の原因となる気体。二酸化炭素（CO_2）は地球温暖化の大きな要因である。

■四大公害病

戦後、日本は重化学工業化を推進し、毎年GDPが10％前後の高度経済成長を実現しました。その過程で大きな公害問題が発生しました。

①イタイイタイ病（富山県神通川流域）

1910年代〜1970年代前半に発生、1955年に報告。神通川に排水した鉱廃水に含まれるカドミウム（Cd）による水質汚染を原因とし、コメや野菜を通じて広まった。身体中の骨が変形したり骨折するなどの症状がみられる。

②水俣病（熊本県水俣市）

1956年に報告。工業排水に含まれる有機水銀が魚介類に蓄積した。中毒化した魚介類を多数の湾岸住民が摂取し、中枢神経疾患（感覚障害、運動失調、視野狭窄など）が発生した。

③新潟水俣病（新潟県阿賀野川流域）

1965年に発生。工業排水に含まれる有機水銀が、川で獲れた魚介類の摂取を通じて人体に蓄積。中枢神経疾患が発生した。

④四日市ぜんそく（三重県四日市市）

1960〜70年代に発生。石油コンビナートより排出された硫黄酸化物（SOx）や窒素酸化物（NOx）などによる大気汚染が原因。地域住民がぜんそくや気管支炎を発症。

四大公害病が起きた地域と原因はよく問われます。セットで覚えましょう。

イタイイタイ病は最初の公害病として国に認定されました。

● 四大公害病と発生した場所

■ 公害問題と地球環境問題の違い

地域環境問題（公害問題）と地球環境問題では、発生の原因や影響の範囲、対策の方針に違いがみられます。

● 地域環境問題と地球環境問題の違い

地域環境問題 （公害問題）	地球環境問題
・局地的で、加害者・被害者が明確 ・法規制が有効 ・排出者の出口チェックが重要（パイプエンド型）	・地球規模で、加害者・被害者が不明瞭 ・法規制に限界 ・自主的取組みが基本

■ 日本の環境問題に対する取り組み

日本の公害の原点といわれる「**足尾銅山鉱毒事件**」は、1890年（明治23年）以降数十年にわたって栃木県の渡良瀬川周辺で発生した公害事件です。川の上流の足尾鉱山で生じた鉱毒ガス、鉱毒水などの有害物質が流出し、流域の土壌を汚染して農作物に大きな被害を与えました。

日本各地で発生した公害問題に対応するため、1967年に**公害対策基本法**が制定されました。これは、公害から日本国民の健康と生活を守るため、国および地方公共団体、事業者の責務と、公害防止のための各種施策について定めたものです。1993年の**環境基本法**の成立により廃止となりましたが、内容の多くは引き継がれています。

1970年11月末に招集された臨時国会は、公害関連法令の抜本的整備が行わ

● 日本の環境問題に対する取り組み

年	取り組み
1967	公害対策基本法
1968	大気汚染防止法
1970	公害国会
1971	環境庁設立
1972	自然環境保全法
1979	省エネ法
1988	オゾン層保護法
1993	環境基本法
1995	容器包装リサイクル法
1998	家電リサイクル法
2000	循環型社会形成推進基本計画
	各種リサイクル法
2001	環境省発足
2003	環境教育推進法
2008	生物多様性基本法
2012	エコまち法
2019	プラスチック資源循環戦略
2020	2050年カーボンニュートラル宣言

れたことから**公害国会**と呼ばれています。公害関連14法案が提出され、すべて可決・成立しました。

■原子力の安全・安心への取り組み

2011年3月11日の東日本大震災および福島第一原子力発電所事故をうけて、2012年9月に**原子力規制庁**が環境省の外局として設置されました。原発事故以来、原子力発電を含めたエネルギー政策の見直しの契機となっています。

> 問題　次の文章の（　）に当てはまる語句はなにか。

1️⃣ （　ア　）は、水鳥とその生息地の湿地の保護を目的とした条約である。

2️⃣ 1972年にスウェーデンのストックホルムで開催された国連人間環境会議では（　イ　）が採択された。

3️⃣ 1987年、国連の「環境と開発に関する世界委員会」の最終報告書（　ウ　）において、（　エ　）という理念が提唱された。

4️⃣ 1992年の地球サミットにおいて、生物多様性の保全と持続的利用の目的のために署名された条約は（　オ　）という。

5️⃣ 明治時代に栃木県渡良瀬川周辺で発生した（　カ　）は日本の公害の原点である。

6️⃣ 四大公害病とは、水俣病、四日市ぜんそく、イタイイタイ病、（　キ　）である。

7️⃣ イタイイタイ病は、（　ク　）県の神通川に流出した（　ケ　）が原因である。

8️⃣ 日本各地で発生した公害問題に対応するため、1967年に（　コ　）が制定された。

9️⃣ 公害対策や自然保護を含めた環境行政を総合的に進めるため、1971年に（　サ　）が誕生した。

答え

1️⃣ ア：ラムサール条約　　2️⃣ イ：人間環境宣言

3️⃣ ウ：我ら共有の未来　エ：持続可能な開発

4️⃣ オ：生物多様性条約　　5️⃣ カ：足尾銅山鉱毒事件

6️⃣ キ：新潟水俣病　　7️⃣ ク：富山　ケ：カドミウム

8️⃣ コ：公害対策基本法　　9️⃣ サ：環境庁

3 頻出度 ★★☆ 「持続可能な社会」に向けた 行動計画〜地球サミット〜

■「国連環境開発会議（地球サミット）」

1992年6月、ブラジルのリオデジャネイロで国連環境開発会議（UNCED）、別名「**地球サミット（リオサミット）**」が開催されました。

●地球サミットの成果

①「**リオ宣言**」の採択

前文と27項目の原則。第7原則では「**共通だが差異ある責任**」と途上国への配慮がなされている。

②「**アジェンダ21**」の採択

21世紀に向けて持続可能な開発を実現するための具体的な行動計画。実施状況を検証するため**持続可能な開発委員会（CSD）**が国連に設置された。

各国・自治体・国民における具体的行動計画を**ローカルアジェンダ**という。

③「**森林原則声明**」の採択

森林問題に関する初めての世界的合意。森林の生態系を維持し、人類の多様なニーズに対応できるよう森林を取り扱おうとするもの。

④「**気候変動枠組条約**」の署名開始

温室効果ガスの濃度を安定化させることが目的。第3回締約国会議（COP3）では**京都議定書**が採択された。

⑤「**生物多様性条約**」の署名開始

生物多様性を保全し、生物資源の持続可能な利用、遺伝資源から得られる利益の公正で衡平な配分を目的としている。2010年には名古屋で第10回締約国会議（COP10）が開催された。

📝 **リオ宣言の主な内容**
第3原則：開発にあたっての将来世代のニーズの考慮（世代間公平）
第5原則：貧困の撲滅
第7原則：共通だが差異ある責任
第10原則：全ての主体の参加と情報公開（公衆の参加）
第15原則：予防原則
第20〜23原則：各主体の関与（女性、青年、先住民等）

森林原則声明は、木材が主要な経済資源である途上国からの反対があったため、法的拘束力はありません。

日本では地球サミットにて署名された生物多様性条約を実行するため、1995年に生物多様性国家戦略が策定されました。

■共通だが差異ある責任

　地球サミットでは、地球環境の保全を優先する先進国と、経済発展を優先する開発途上国との間で、意見の対立が生じました。

　先進国と途上国は、地球環境の保全を目指す共通の目標を持っています。しかし今日の温室効果ガスの大部分は、先進国が過去の経済成長時に排出したものであるため、先進国と途上国の責任に差異をつけるとする考え方を「**共通だが差異ある責任**」といいます。

　途上国では、経済成長が抑制されるという理由から環境問題の取り組みに積極的になれない側面があります。経済発展と環境保全、この2つを両立するためには、先進国が環境技術の開発を進め、途上国に資金援助や技術提供することも必要です。その上で、先進国、途上国が協力して、包括的に環境問題に取り組むことが求められます。

　2022年11月6日〜20日にCOP27エジプト（シャルム・エル・シェイク）が開催されました。開催国エジプトの議長が最も力を入れたのが、温暖化による「損失と損害」です。途上国はそもそも開発が進んでいないので、温室効果ガスの排出は少なく、温暖化に対する責任はほとんどありません。そのためパリ協定の下で、国際社会の公正な支援を強く求めて、今回初めて「損失と損害」に対する資金支援のファンドが立ち上がることが決まりました。

問題　　**次の文章が正しいか誤りか答えよ。**

1「アジェンダ21」は、2002年にヨハネスブルクで開催された、持続可能な開発に関する世界首脳会議で採択された。

2 地球サミットでは、地球環境の保全を優先する方針で先進国と途上国の意見が一致した。

答え
1 ×　➡1992年にリオデジャネイロで開催された地球サミットで採択
2 ×　➡先進国と途上国の間で意見対立が生じた

4
頻出度
★★★

持続可能な開発目標（SDGs）

■ 持続可能な開発（Sustainable Development）

　持続可能な開発とは、「<u>将来世代のニーズを損なうことなく、現在の世代のニーズを満たすこと</u>」、つまり将来にわたって環境と社会や経済の総合的な発展がバランスよく保たれた社会を構築することを指します。

　先進国には充分すぎる "もの" や "サービス" があふれかえっていますが、開発途上国には、それがほとんどない状況です。彼らにも豊かな生活をする権利があり、地球環境をこれ以上壊さないようにしながら世界の人々が豊かな生活実現に向けての開発が進むようにしなければなりません。つまり「<u>現代に生きる人々と、将来世代の全ての人々が安心して暮らせる社会を構成するための、社会的公正の実現や自然環境との共生を重視した開発</u>」ともいえるでしょう。

■「持続可能な開発」の概念の誕生と発展

　国連の「環境と開発に関する世界委員会（WCED）」（当時のノルウェー首相である<u>ブルントラント氏</u>が委員長）は、1987年に報告書「<u>我ら共有の未来（Our Common Future）</u>」をまとめ、「持続可能な開発」の概念を打ち出しました。

　この「持続可能な開発」という言葉は、1992年にリオデジャネイロで開催された地球サミット以降、地球環境問題のキーワードとして定着しました。

■ 世界の共通言語 "SDGs"

　2015年9月の<u>国連持続可能な開発サミット</u>で、150を超える加盟国の首脳の参加のもと、「我々の世界を変革する：<u>持続可能な開発のための2030アジェンダ</u>」が採択されました。このアジェンダ（行動計画）では、2030年までのグローバル目標として、SDGs（持続可能な開発目標：

環境と社会、経済のバランスが大切です。

🖉 **持続可能な開発**
環境と開発に関する世界委員会（ブルントラント委員会）による最終報告書「我ら共有の未来」の中で、「持続可能な開発」とは「将来の世代のニーズを満たす力を損なうことなく、現在世代のニーズを満たす開発である」と定義した。

SDGsは、2015年までの共通目標であったミレニアム開発目標（MDGs）の後継とされています。

🖉 **MDGs**
2000年に採択された、2015年までに達成すべき8目標、21ターゲット、60の指標。主に貧困や飢餓の撲滅が挙げられた。

Sustainable Development Goals）が掲げられました。2030年までに達成すべき17目標、169ターゲット、232指標から構成されており、193の加盟国が進捗状況を報告しています。

■SDGsの基本理念

SDGsでは核となる「5つのP」が示されています。

- People（人間）
- Planet（地球）
- Prosperity（繁栄）
- Peace（平和）
- Partnership（パートナーシップ）

SDGsの基本理念として、「誰一人取り残さない（Leave no one behind）」という方針をかかげています。すべての国が持続的で包摂的で持続可能な経済成長を遂げ、すべての人が働きがいのある仕事（ディーセントワーク）に就く社会を目指しています。

また、社会的包摂性（social inclusion）も掲げられており、これは社会的に弱い立場にある人々も含め市民一人一人、排除や摩擦、孤独や孤立から援護し、社会（地域社会）の一員として取り込み、支え合うという考え方のことです。

SDGsに法的拘束力はありませんが、各国の取り組みの達成度は、232の指標で測られます。

■SDGsの5つの特色

SDGsには、次の5つの特色があります。

普遍性：先進国を含め、全ての国が行動する
包摂性：人間の安全保障の理念を反映し、「誰一人取り残さない」
参画型：全てのステークホルダーが役割を果たす
統合性：社会・経済・環境に統合的に取り組む
透明性・説明責任：定期的なフォローアップを行う

SDGsの基本理念と5つの特色は試験でもよく問われるので覚えておきましょう。

ディーセントワーク
「ディーセント（decent）」は「適正」「良識にかなった」「まともな」と訳される。
「働きがいのある人間らしい仕事」を指して「ディーセントワーク」と呼ぶ。

ステークホルダー
利害関係者のこと。企業・行政・NPOなどの利害と行動に直接的、間接的な影響を与えるもの。
（例：投資家、債権者、顧客、取引先、従業員、地域社会、行政、国民など）

■SDGs17目標

　持続可能な社会の構築のためには、長期的な目標（ゴール）や未来の姿を描き、その実現のための手段を策定していく「バックキャスティング」の考え方が重要となります。

📝 フォアキャスティング
現状に立脚して将来の行動計画を立てる方法。バックキャスティングとは逆の手法である。

● SDGsの17目標

ゴール1	貧困	あらゆる場所のあらゆる形態の貧困を終わらせる
ゴール2	飢餓	飢餓を終わらせ、食糧安全保障及び栄養改善を実現し、持続可能な農業を促進する
ゴール3	健康な生活	あらゆる年齢の全ての人々の健康的な生活を確保し、福祉を促進する
ゴール4	教育	全ての人々への包摂的かつ公平な質の高い教育を提供し、生涯教育の機会を促進する
ゴール5	ジェンダー平等	ジェンダー平等を達成し、全ての女性及び女子のエンパワーメントを行う
ゴール6	水	全ての人々の水と衛生の利用可能性と持続可能な管理を確保する
ゴール7	エネルギー	全ての人々の、安価かつ信頼できる持続可能な現代的エネルギーへのアクセスを確保する
ゴール8	雇用	包摂的かつ持続可能な経済成長及び全ての人々の完全かつ生産的な雇用とディーセント・ワーク（適切な雇用）を促進する
ゴール9	インフラ	レジリエントなインフラ構築、包摂的かつ持続可能な産業化の促進及びイノベーションの拡大を図る
ゴール10	不平等の是正	各国内及び各国間の不平等を是正する
ゴール11	安全な都市	包摂的で安全かつレジリエントで持続可能な都市及び人間居住を実現する
ゴール12	持続可能な生産・消費	持続可能な生産消費形態を確保する
ゴール13	気候変動	気候変動及びその影響を軽減するための緊急対策を講じる
ゴール14	海洋	持続可能な開発のために海洋資源を保全し、持続的に利用する
ゴール15	生態系・森林	陸域生態系の保護・回復・持続可能な利用の推進、森林の持続可能な管理、砂漠化への対処、並びに土地の劣化の阻止・防止及び生物多様性の損失の阻止を促進する
ゴール16	法の支配等	持続可能な開発のための平和で包摂的な社会の促進、全ての人々への司法へのアクセス提供及びあらゆるレベルにおいて効果的で説明責任のある包摂的な制度の構築を図る
ゴール17	パートナーシップ	持続可能な開発のための実施手段を強化し、グローバル・パートナーシップを活性化する

出典：環境省『平成30年版 環境白書』

SDGsの17目標は互いに関連性があり、下の図はそれらの密接な関わりをウェディングケーキの形で示したものです。「経済圏」「社会圏」「生態圏」の3階層からなり、ケーキの一番上には「**目標17（パートナーシップ）**」が位置づけられています。経済の発展は社会の基盤が整っていなければ成り立たず、社会の基盤は自然環境によって支えられていることを表しています。

経済の成長や私たちの生活はすべて自然環境を基盤として成り立っています。そのため、社会課題に効果的対処するために**自然を基盤とした解決策**（NbS：Nature-based Solutions）という考え方が求められています。

**◯ネイチャーベースド
ソリューション（NbS）**
国際自然保護連合（IUCN）と欧州委員会が定義を発表した比較的新しい概念。社会課題に効果的かつ順応的に対処し、人間の幸福および生物多様性による恩恵を同時にもたらす、自然の、そして、人為的に改変された生態系の保護、持続可能な管理、回復のため行動すること。

● SDGsのウェディングケーキ

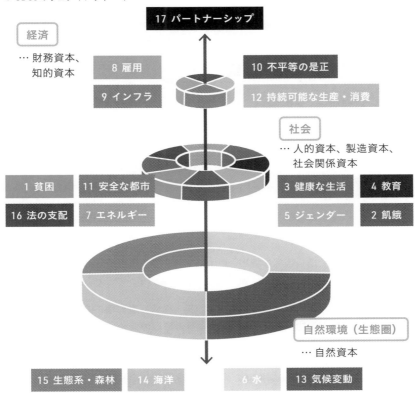

出典：Stockholm Resilience Centre の図より作成

5 日本と世界のSDGsの取り組み状況

頻出度 ★★★

■ 国の取り組み

日本では、2016年に「持続可能な開発目標（SDGs）推進本部」を設置しました。2017年以降、毎年「SDGsアクションプラン」を策定しています。

「SDGsアクションプラン2020」ではSociety5.0の推進、SDGsを原動力とした地方創生、次世代・女性のエンパワーメントを掲げています。

✐ Society5.0
狩り社会（Society1.0）、農耕社会（Society2.0）、工業社会（Society3.0）、情報社会（Society4.0）に続く、新しい社会のこと。
すべての人とモノがつながり、IoT（Internet of Things）やビッグデータ、AIを活用して今までにない価値を生み出すことで、「課題解決」と「未来創造」の視点を兼ね備えている。

● 日本政府のSDGsへの取り組み

SDGsモデルの3つの柱（SDGsアクションプラン2020）

Ⅰ．ビジネスとイノベーション ～ SDGsと連動する「Society 5.0」の推進～

Ⅱ．SDGsを原動力とした地方創生、強靱かつ環境に優しい魅力的なまちづくり

Ⅲ．SDGsの担い手としての**次世代・女性のエンパワーメント**

8つの優先課題

People
(1) あらゆる人が活躍する社会・ジェンダー平等の実現
(2) 健康・長寿の達成

Prosperity
(3) 成長市場の創出、地域活性化、科学技術イノベーション
(4) 持続可能で強靱な国土と質の高いインフラの整備

Planet
(5) 省・再生エネルギー、防災・気候変動対策、循環型社会
(6) 生物多様性、森林、海洋等の環境の保全

Peace
(7) 平和と安全・安心社会の実現

Partnership
(8) SDGs実施推進の体制と手段

出典：SDGs推進本部『SDGsアクションプラン2020』を基に著者作成

■地方自治体の取り組み

・ジャパンSDGsアワード

　2017年12月から、毎年12月に10数の企業・自治体・各種団体などが表彰されています。保育園、小学校から大企業までSDGs活動に積極的に取り組んでいる組織が表彰されています。

・SDGs未来都市

　持続可能なまちづくりや、SDGsの理念に沿った取り組みに積極的な地方自治体を「SDGs未来都市」として選定しています。2018年度からスタートしたもので、毎年30数の都市が選定されています。

・地方創生SDGs官民連携プラットフォーム

　2019年度からスタートしました。分科会を設置して課題や知見の共有を行うとともに、企業等の団体と自治体とのマッチングなどを行ってSDGs活動を推進しています。（内閣府地方創生推進室発表資料より）

■企業の取り組み

　SDGsはすでにビジネスの「世界共通言語」になりつつあり、特に、世界を相手にビジネス展開する大企業では、バリューチェーン全体の見直しを始めています。今後はサプライヤーにも影響が広がるでしょう。

　取引や投資の条件として、収益だけでなく、SDGsに取り組んでいるかどうかもみられる時代となってきています。SDGsのゴール・ターゲットを見ると、自社の取り組みとのつながりに気づくことができます。持続可能な企業にするためには、今の社会のニーズだけでなく将来のニーズをも満たすような事業展開が必要です。

■日本のSDGsの取り組み状況の評価

　世界各国のSDGsの達成度合いを評価した「Sustainable Development Report」（出典：持続可能な開発報告書2023）では、**日本のSDGs達成度は163カ国中21位**で、前年（2022年）の19位から1ランク下がりました。17目標

第1回のSDGs推進本部長賞（内閣総理大臣賞）は、北海道下川町でした。

📖 **バリューチェーン**
商品やサービスが顧客に提供されるまでの一連の活動を価値の連鎖として捉えたもの。

📖 **サプライチェーン**
事業活動の物やお金の流れのこと。調達・生産・物流・販売・消費など供給の流れを指す。

のうち「深刻な課題がある」とされる目標は6つであり、**ジェ
ンダー**や**環境**の分野で課題を抱える状況が続いています。

2023年版の1位は**フィンランド**、2位**スウェーデン**、3
位**デンマーク**、4位**ドイツ**。5位以降も欧州諸国が続きまし
た。米国は39位、中国は63位でした。

■ 新型コロナウイルス感染症の影響

2020年の新型コロナウイルス感染症（COVID-19）のパ
ンデミックにより、全世界で人的・経済的な危機が引き起
こされました。

SDGs **目標3**（すべてのひとに健康と福祉を）への影響
はもちろん、**目標1**（貧困をなくそう）では、新たに約119
百万〜124百万人が極度の貧困に陥り、1988年以来初め
て貧困層の割合が増加しました。**全人口の約9%が貧困層**
と予想されています（国連「SDGs報告2021」）。

■ 感染症と持続可能な開発

近年、新興感染症や再興感染症のリスクが高まってい
る背景には、人間活動が自然環境を破壊し、生物多様性
や気候変動に影響を与えていることが要因であることが指
摘されています。

2020年10月にIPBESが公表した「生物多様性とパンデ
ミックに関するワークショップ報告書」では、感染症に関して
以下の内容が指摘されました。

- 人間による生態系攪乱と持続不可能な消費がパン
  デミックリスクを助長する
- 新興感染症の30%以上は、森林伐採、野生生物生息
  地での人間の定住、作物・家畜生産の増加、都市化
  などの土地利用変化によって引き起こされる
- 保護地域の保全や生物多様性の高い地域における
  持続可能でない開発を減らすことで、野生生物と
  家畜と人間の接点を減らし、新しい病原体の波及
  を防ぐことができる

*取り組みの強化が
求められている目標*
目標5（ジェンダー平
等）
目標12（責任ある消費
と生産）
目標13（気候変動対
策）
目標14（海の豊かさ）
目標15（緑の豊かさ）
目標17（パートナー
シップ）

*日本が達成できて
いる目標*
目標4（教育）
目標9（産業・技術革
新）
目標16（平和、法の支
配）

人獣共通感染症
動物から人間へ伝染
する感染症。動物由
来感染症ともいわれ
SARSなどもこれに含
まれる。

新興感染症
AIDSやエボラ出血熱、
新型コロナウイルス
COVID-19など、かつ
て知られておらず、新
しく認識された公衆衛
生上問題となる感染
症のこと。

■カーボンニュートラルへの国際的な対応

本来、**カーボンニュートラル**とは、「木材や食用油など植物を原料とする燃料を燃焼させると二酸化炭素を発生するが、その二酸化炭素は植物が成長過程で光合成により吸収したものであり、ライフサイクル全体では大気中の二酸化炭素は増加しない。」という考え方です。

しかし脱炭素社会を目指す現在では、人間活動に起因するGHGの排出量を極小化するだけでなく、CCSなどの技術を用いて大気中の CO_2 を除去したり、植物が光合成で固定した炭素を炭化し土壌に蓄えるなど、GHG排出量を実質ゼロにする活動をカーボンニュートラルと呼んでいます。

2030年の温室効果ガス削減目標

- 米国：2005年比　50〜52％削減
- 欧州：1990年比　55％以上削減
- **日本：2013年比　46％削減**
- 中国：2005年比　65％以上削減（中国はGDP当り）

✍ CCS
Carbon dioxide Capture and Storage の略。「二酸化炭素回収・貯留」技術。発電所や化学工場などから排出された CO_2 を、ほかの気体から分離して回収し、地中深部などに貯留する。

問題　**次の文章の（　）に当てはまる語句はなにか。**

1 日本の「SDGsアクションプラン2020」では、SDGsと連動した（　ア　）の推進を掲げている。

2 2023年度において、日本のSDGs達成度は163か国中（　イ　）位だった。

3 GHGの排出削減と、カバーできない排出量を光合成やCCUなどを利用して削減することを（　ウ　）という。

答え　　**1** ア：Society5.0　　**2** イ：21
3 ウ：カーボンニュートラル

次の文章が正しいか誤りか答えよ。

① 地球環境問題は、特定の企業、特定の有害物質に起因するものである。

② 水俣病は、工業排水に含まれるカドミウムによる水質汚濁が原因である。

③ 四日市ぜんそくは、石油コンビナートより排出された硫黄酸化物（SOx）や窒素酸化物（NOx）などによる大気汚染が原因である。

④ 1972年にストックホルムで開催された国連人間環境会議では、持続可能な開発を目指した行動計画として「アジェンダ21」が採択された。

⑤ 1987年、当時のノルウェー首相であるブルントラント氏が委員長を務める国連の「環境と開発に関する世界委員会」は、「成長の限界」という提言をまとめた。

⑥ 将来あるべきゴールを想定して、そこから実現に向けたプロセスを考える手法をフォアキャスティングアプローチという。

⑦ 持続可能な開発目標（SDGs）は、2000年に採択されたミレニアム開発目標（MDGs）の後継とされる。

⑧ 持続可能な開発目標には法的拘束力がある。

⑨ SDGsアクションプラン2020は、①ビジネスとイノベーション、SDGsと連動する「Society 5.0」の推進、②SDGsを原動力とした地方創生、強靭かつ環境に優しい魅力的なまちづくり、③SDGsの担い手としての次世代・女性のエンパワーメントを3つの柱として掲げている。

⑩ 日本は2050年までに、温室効果ガスの排出量を実質ゼロとするカーボンニュートラルの実現を表明した。

答え

① × 地球環境問題 ➡ 地域環境問題
② × カドミウム ➡ 有機水銀
③ ○
④ × 「アジェンダ21」が採択されたのは1992年の地球サミットである。
⑤ × 「成長の限界」➡「持続可能な開発」
⑥ × フォアキャスティング ➡ バックキャスティング
⑦ ○
⑧ × 法的拘束力はない。
⑨ ○
⑩ ○

第2章

地球を知る

地球の歴史と生命の誕生

1
頻出度
★☆☆

13 気候変動　14 海洋資源　15 陸上資源

■地球と生命の歴史（地球カレンダー）

地球はおよそ46億年前に誕生したと考えられています。下の表のように、地球上に最初に生まれた生命は、約40億年前に海に誕生した生命体原始バクテリアといわれています。

● 地球カレンダー

日付	出来事	実際の時期
1月1日 0時	「地球」誕生	46億年前
1月24日	「陸」と「海」が形成	43〜41億年前
2月17日	海に最初の生命体原始バクテリアが誕生	40〜38億年前
5月31日	光合成を行うシアノバクテリアが現れ、酸素が供給され始める	27億年前
7月18日	細胞に核をもつ真核細胞生物が現れる	21億年前
11月14日	オゾン層が形成され始め、有害な紫外線を吸収するようになる	6億年前
11月21日	動植物が陸地に進出、森ができる	5〜4億年前
12月31日 23時48分	ホモ・サピエンス誕生	20万年前
12月31日 23時59分58秒	産業革命……化石燃料の消費が始まる	250年前
12月31日 23時59分59秒	21世紀が始まる	22年前

この46億年という長い年月の中で人類が現れ、その活動が地球環境に影響を与えるようになったのは、わずか250年ほど前からのことです。46億年の歴史を1年間に圧縮したと考えると、最後の2秒間の出来事なのです。

まさに人類が化石燃料を使いだしてから、多くの環境問題や地球温暖化が起きているといえるでしょう。

地球誕生から現在まで、出来事の年代よりも、順番が大切です。

■オゾン層の形成と生物の陸上進出

約40億年前に生命が誕生した地球は、生物にとって過酷な環境であり、大気中にはほとんど酸素が存在しなかったとされています。その後、酸素濃度が上昇したことによってオゾン層が形成され、生物に有害な紫外線が吸収されたことにより、動植物が陸上に進出し、生態系が形成されていきました。

■地球表面の資源

古代の大量のプランクトンや樹木などが土中で化石化したものを化石燃料といいます。石油、石炭、天然ガスなどがあり、私たちの生活に欠かせません。二酸化炭素の貯蔵庫でもあります。

問題　次の文章が正しいか誤りか答えよ。

1 地球は今から約36億年前に誕生した。
2 オゾン層が形成され有害な赤外線を吸収するようになった。
3 ホモ・サピエンス誕生は今から約40万年前である。
4 公害や地球温暖化など環境問題の発生は、人類が化石燃料を使い始めた産業革命からである。
5 化石燃料とは、古代の大量のプランクトンや樹木などが土中で化石化して生成されたものである。
6 化石燃料とは、石炭、石油、原子力、天然ガスなどをいう。

 答え
1 ×：36億年➡46億年　　2 ×：赤外線➡紫外線
3 ×：40万年前➡20万年前　4 ○
5 ○　　　　　　　　　　6 ×：「原子力」は誤り

2 大気と海の役割

頻出度
★★☆

6 水・衛生　13 気候変動　14 海洋資源

■ 大気には層がある

　大気圏は、**対流圏**、**成層圏**、**中間圏**、**熱圏**の4つの層から構成されています。大気は、以下のものから組成されています。

空気のほとんどは窒素と酸素です。

● 大気の組成

窒素	酸素	アルゴン	二酸化炭素
78.1%	20.9%	0.93%	0.04%

①対流圏

　対流圏は一番地表に近い層（高度0～約10km）で、わたしたちが生活している<u>空気の層があるところです。気候・天気が変わるのは、この対流圏に多く含まれる水蒸気や気圧変化などによって、雲ができたり、風が吹いたりして気象変化が起きている</u>からです。

②成層圏

　成層圏は、対流圏から上空方向、高度50kmぐらいまでの領域で、大気は比較的安定しています。成層圏では気温が高度とともに上昇します。この中にある**オゾン層**が生物に有害な太陽からの**紫外線**を吸収してくれています。しかし、人間が作った**フロンガス**によってオゾン層が破壊され、オゾンホールが生まれ、紫外線による生物への危険が増大しています。

③中間圏

　中間圏は、高度50～80kmぐらいまでの領域で、成層圏とは逆に、高度が上がるほど温度は低下します。

④熱圏

　熱圏は高度80～800kmぐらいの領域であり、大気の層のうち、最も上空にある層です。太陽からの短波長の電磁波や、磁気圏で加速された電子のエネルギーを吸収する

オゾン層
オゾン層は、地上約10～50km上空の成層圏にあり、大気中のオゾンの約90％が集まっている。
成層圏のオゾンは生物に有益であるが、オゾンそのものは酸化作用が強く、高濃度では生物に影響を及ぼす。

紫外線は皮膚がんや日焼けの原因となります。

ため温度が高いのが特徴で、2,000℃に達することもあります。この熱圏の外側には、外気圏といわれる層が数万kmにわたって広がっているとされ、宇宙につながっていると考えられています。

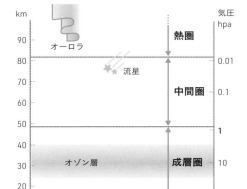

● 大気の4つの層

■大気の循環

対流圏では大気の循環が発生します。太陽が地表近くの空気を暖め、暖められた空気は上空へ上昇していきます。上空に到達した空気が冷やされ下降することで、大気の循環が生じます。

中緯度の地域で発生する偏西風も、こうした大気循環に関係して発生しています。近年問題になっているPM2.5や黄砂も、大気循環によって運ばれてきています。

■わたしたちは大気に守られている

大気の主な働きは、以下の5つです。

① 生物に必要な酸素と、植物の光合成に必要な二酸化炭素を供給する
② 地表を生物が生活するための適度な気温に保つ（温室効果）
③ 大気循環により、水蒸気や各種気体を地球規模で移動させ、気候を和らげる
④ オゾン層により、生物に有害な紫外線を吸収する
⑤ 宇宙から飛来する隕石を摩擦熱で消滅させ、地表への到達を妨げる

低緯度で発生する風は貿易風、高緯度では極偏東風といいます。

🖉 黄砂
中国大陸の乾燥地帯から大量の微細な砂じんが、偏西風に乗って遠距離を運ばれたのち沈降し、黄色っぽい砂が降り積もる現象のこと。

🖉 粒子状物質（PM）
工場や自動車などから排出される煤じんや、排気ガスに含まれる固体、液体の粒のこと。特に直径が10μm以下のものを浮遊粒子状物質（SPM）と呼ぶ。人間が吸い込むと呼吸器などに影響を及ぼす。PM2.5は、粒径が2.5μm以下の超微粒子。

■ 水の恵み

　地球表面の約71%は海洋で、残り29%が陸地です。地球上に存在する水のうち、**97.5%は海水、2.5%は淡水**とされています。この淡水の大部分は利用が困難な氷河・万年雪・深層地下水として貯蔵されています。そのため、<u>人間を含む動植物が利用できる淡水は、地下水の一部と河川や湖沼などに存在するごくわずかな水なのです。</u>

日本では水の使用量の12%を地下水に頼っています。

■ 水の循環

　太陽によって暖められた海水から蒸発した水蒸気は、雪となり雨となって大地を潤し、川を下り再び海へ帰ってきます。これを水の循環といいます。水の循環の中で、水が水蒸気や雲、雨粒へと変化するたびに熱の吸収、放出が起こり、気温を安定化させます。

雲は「天空の貯水池」ともいわれています。

■ 川の役割

川は自然界における水の循環の一翼を担っています。
川の主な役割として以下の3つがあります。

① 飲料水、生活用水、農業用水、工業用水、水力発電など、生活に重要な水資源の供給
② 上流の森や土中から窒素、リン、カリウムなどの栄養分を運び、河川の生態系を豊かにする
③ 海まで運ばれた栄養分は、植物プランクトンや海藻を育て、魚や貝類が生息する海中生態系を育てる

■ 海洋の役割

海洋の役割をまとめると以下のようになります。

① 地上生物に不可欠な淡水（真水）の供給源となる
② 生物ポンプにより、二酸化炭素を吸収・貯蔵する
③ 海洋生物の生存・成長の環境を与え、海洋資源を育成する
④ 海流などの循環により物質を移動させ、気候を安定化する

森林だけでなく、海もCO_2を吸収しています。

● 水循環と大気の役割

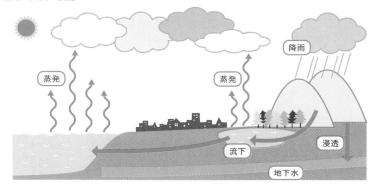

■ 海洋の循環

海洋には二つの海流の循環があります。一つは、海面表層部の循環、もう一つは、深層部で起きる深層循環です。

・**海面表層部循環**
海上を吹く風によって海面表層の水が表面から引きずられて起こる循環。

・**深層循環（熱塩循環、海洋大循環）**
海域ごとの海水密度の違いによって起こる循環。**熱塩循環**とも呼ばれる。

■ 生物ポンプの働き

大気と海洋の間では、生物ポンプの働きにより、CO_2 の交換が行われています。

・**生物ポンプ**
二酸化炭素が海に吸収され、海洋生物によって海の中層・深層部まで運ばれる仕組みのこと。海面で取り込まれた二酸化炭素は、海の表層で植物プランクトンの光合成により、一部が有機物に変えられる。植物プランクトンは海洋生物に捕食され、その排泄物や死骸となって海底に沈んでいく。このとき炭素も一緒に運ばれる。

> 海面表層部の循環は栄養分やプランクトンなどを移動させる役割もあります。

✐ **熱塩循環**
海洋大循環のひとつ。海水がグリーンランド周辺（北極周辺）で海底に沈み、1000年以上かけて世界中の深海底を巡って再び戻ってくること。気候変動に大きな影響を及ぼしているといわれる。

この一連のプロセスは「生物ポンプによる海洋の CO_2 の貯蔵機能」と呼ばれています。

■ 海洋の変化

海洋の変化として、異常気象の原因となるエルニーニョ現象とラニーニャ現象があります。

・エルニーニョ現象
太平洋赤道域の日付変更線付近から南米のペルー沿岸にかけての広い海域で、海面水温が平年より高い状態が1年程度続く現象。

・ラニーニャ現象
同じ海域で海面水温が平年より低い状態が続く現象。

その他にも、海洋の酸性化や、海氷の減少が進んでいます。これらは地球全体の環境に影響する変化として注目されています。

・海洋の酸性化
CO_2 が海水に多く溶け込み、pHが下がること。酸性化が進むと海洋生物の生息環境に影響を及ぼす。

・海氷の減少
海氷は海水面に比べ、太陽光の反射率が大きいため、海水温の上昇を抑え、海面上昇と地球温暖化を防止する役割も担っている。海氷が減少すると、海水温上昇だけでなく、海面上昇にもつながる。

エルニーニョ現象が発生すると、日本では夏は低温多雨、冬は温暖になる傾向があります。

一般的には海洋は弱アルカリ性です。

《 COLUMN 》

サンゴの白化現象

サンゴが白くなり死んでしまう現象を白化現象といいますが、その主な原因として、海水温の上昇（エルニーニョ現象のような海水温の短期的上昇も含む）や、淡水や土砂の流入、強い光、藻が抜け出すなどが考えられます。
ちなみにIPCC第4次評価報告書では「平均気温が1～3度上昇すると、ほとんどのサンゴが白化する」としています。

問題　**次の文章が正しいか誤りか答えよ**

1 大気の組成は、酸素が78.1%、窒素が20.9%、その他にアルゴン、二酸化炭素がある。

2 大気は地上から近い順に、成層圏、対流圏、熱圏、中間圏である。

3 地球規模の大気の循環によって高緯度で生じる風のことを偏西風という。

4 地球上の約80%が海水、残りの約20%が淡水である。

5 海洋中の植物プランクトンなどの生物が光合成によって取り込んだ二酸化炭素は、食物連鎖を通じて、海洋内部の中・深層から放出される。

6 生物ポンプの働きによって大気から海洋へCO_2が吸収されると、植物プランクトンは増加する。

7 海面表層部の循環は、栄養分やプランクトンを移動させる役割があり、気候の変動にも影響を与える。

8 植物プランクトンは、葉緑体を持ち、水中のCO_2や窒素などを吸収し光合成を行う。

答え

1 ×：酸素が78.1%、窒素が20.9%➡窒素が78.1%、酸素が20.9%
2 ×：成層圏、対流圏、熱圏、中間圏➡対流圏、成層圏、中間圏、熱圏
3 ×：偏西風➡極偏東風
4 ×：約80%が海水➡約97.5%。残りの約20%が淡水➡約2.5%
5 ×：中・深層から放出される➡中・深層に貯蔵される
6 ○
7 ○
8 ○

森林・土壌の働きと生態系

3 頻出度 ★★★

13 気候変動　14 海洋資源　15 陸上資源

■ 森林の働き

現在の地球上の**森林面積**は、約40.6億haで陸地面積の約31%にあたります。森林は、光合成などの**炭酸同化作用**や呼吸作用によって大気中のCO_2や酸素の濃度を安定させる役割をもっています。

森林の主な役割として以下のものがあります。

① 光合成により、二酸化炭素を吸収し酸素を作り出す（地球温暖化の緩和、大気の浄化）
② 水を蓄え、土壌の流出や土砂災害を防ぐ（**緑のダム**と呼ばれる）
③ 生物の生存と食物連鎖の要である土壌を育てる
④ 木材資源の供給
⑤ 景観としての文化や、スポーツとしてのレクリエーション

森林面積の約4割が熱帯雨林で、中でも重要なものに**熱帯多雨林**があります。

熱帯多雨林は活発な光合成を行い、酸素を供給していることから「**地球の肺**」と呼ばれています。また大型動物から微生物まで、非常に多くの生物が生息しており「**生物資源、遺伝子資源の宝庫**」「**野生生物の宝庫**」ともいわれています。

熱帯林には、熱帯多雨林のほか、**熱帯モンスーン林**、**熱帯サバンナ林**、**マングローブ林**などがあります。

日本は、森林面積が国土面積の66%で世界でも有数な森林国です。森林の保全と活用を推進するために、美しい**森林づくり推進国民運動**などが行われています。

📝**炭酸同化作用**
生物が二酸化炭素を取り込み、有機物をつくる代謝反応のこと。

📝**熱帯多雨林**
年間を通じて降雨があり、最高50〜70mにもなる常緑広葉樹林。生物多様性の最も豊かな森林。

📝**熱帯モンスーン林（熱帯季節林）**
季節風に支配され、乾季と雨季がある。主に乾季に落葉する広葉樹林がある。

📝**熱帯サバンナ林**
年間雨量が少なく、樹高20mぐらいまでのサバンナ草原内に散在する林。

📝**マングローブ林**
大きな川の河口など、海水と淡水が入り混じる沿岸に生育。魚介類も豊富で、森林と海の2つの生態系が共存している。漁業や高潮防災など地域にとって大切な林。

日本の国土は南北に長いため、各地の気候に適応した多様な森林（亜熱帯林〜亜寒帯林）がみられます。

■ 土壌の働き

土壌の主な役割として以下のものがあります。

① 根を張らせ、農作物や樹木の成長を支える
② さまざまな物質を分解し、植物の養分を供給する
③ 大気中の CO_2 を炭素として貯蔵する
④ 水の浄化、水を蓄える
⑤ 陶磁器の材料、建築物などの土台や基礎材料となる

土壌生物は、落葉や枯れ葉、動物の死骸や糞などを窒素・リン・カリウムに分解します。このように、森林や土壌は、自然環境の物質循環を支えているのです。

土壌生物は有機物を無機物に分解してくれます。

🖉 **有機物**
有機物とは炭素を含む物質。ただし、二酸化炭素、炭素、一酸化炭素は炭素を含んでいるが、有機物には分類されない。

🖉 **無機物**
基本的に炭素を含まない化合物。

■ 生物を育む生態系

生物は、ほかの動植物との関わりだけでなく、周囲の気温や水分、土壌や地形など生物以外の環境（無機的環境）とも関係を持っています。これら多様な生物と無機的環境との相互関係を通して、生物社会を総合的にとらえたものを**生態系**（エコシステム）といいます。

生態系は、大きく分けて「**生産者**」と「**消費者**」の2種の生物から構成されます。「生産者」は、光合成を行い自分で栄養分をつくる生物です。「消費者」は、他の生物から栄養分を得る生物で、土壌生物のように、生物の遺骸や糞などから栄養分を得る「**分解者**」も含まれます。

生態系は自らを復元する力をもっており、これを**自浄作用**や**自己調節機能**といいます。

■ 食物連鎖

わたしたち人間も含め、生物は1つの種だけで生きていくことはできません。生物の餌はすべて生物です。互いに捕食（食べる）と被食（食べられる）関係にあり、これを**食物連鎖**といいます。食べられる側は、食べる側より数多く生息し、生産者である植物を基盤に、一次消費者、二次消費者と続く三角形で表されます。これを**生態系ピラミッド**といいます。

● 陸の生態系ピラミッド

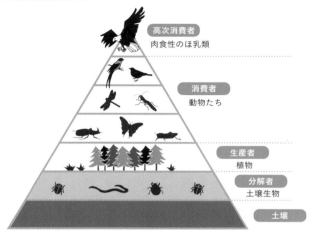

高次消費者
肉食性のほ乳類

消費者
動物たち

生産者
植物

分解者
土壌生物

土壌

生態系は大きく分けて「生産者」と「消費者」の2種から構成されます。

■ 生物濃縮

　生態系の食物連鎖によって、化学物質が濃縮されていくことを生物濃縮といいます。分解・排出されにくい化学物質が取り込まれた生物を摂取すると、捕食者の体内にも化学物質が蓄積されます。これを繰り返すうちに、上位捕食者ほど化学物質の濃度が高くなるのです。

　「生物濃縮」の人間への影響としては、水俣病の事例があります。工場の排水に含まれた有機水銀（メチル水銀）が魚貝類に蓄積され、それを食べた住民などが発症しました。

　1962年、米国の科学者レイチェル・カーソンは、『沈黙の春』において農薬や化学物質による汚染が生物濃縮によって生物体内を移動し、「生命の連鎖が毒の連鎖」となって人間にも及ぶことを警告しました。

📝 沈黙の春
米国の州当局によるDDT（農薬、殺虫剤）などの合成化学物質の散布によって環境が汚染されるとして警鐘を鳴らした。

■ その他の関係

・種間競争

　種の間ですみかや食物を奪い合うこと。在来種と外来種の種間競争が問題になっている。

種間競争を回避するための行動に棲み分けと食い分けがあります。

- 腐食連鎖

  食物連鎖の一種。動植物の遺骸や排泄物が微生物に
  よって分解され、その過程で栄養素が回収される。
- 共生関係

  異種の生物が互いに関係を持ちながら一緒に生活する
  ことを共生という。

  相利共生：双方が利益を得る関係。

  片利共生：一方が利益を得て、他方に利害がない関係。

アリとアブラムシは
相利共生、コバンザ
メとクジラは片利共
生です。

2

地球を知る

問題 **次の文章が正しいか誤りか答えよ。**

1 大きな川の河口など、海水と淡水が入り混じる沿岸に生育する熱帯
林を熱帯モンスーン林という。

2 森林は、水を蓄えて土壌の流出や土砂災害を防ぐ役割があり、「地球
の肺」とも呼ばれている。

3 森林は、景観としての文化や、スポーツとしてのレクリエーション
としての役割を持つ。

4 日本の国土は南北に長く、亜熱帯林から亜寒帯林まで多様な森林が
存在する。

5 炭酸同化作用とは、生物が二酸化炭素を取り込んで無機物をつくる
代謝反応のことである。

6 土壌生物は、落葉や枯れ葉、動物の死骸や糞などを無機物や有機物
に分解する。

7 生態系の食物連鎖によって、化学物質が濃縮されていくことを生物
濃縮という。

8 「生物濃縮」の人間への影響としては、水俣病の事例がある。

9 アリとアブラムシのように、双方が利益を得る関係のことを片利共
生という。

答え
1 ×：熱帯モンスーン林➡マングローブ林
2 ×：地球の肺➡緑のダム
3 ○　**4** ○
5 ×：無機物➡有機物
6 ×：無機物や有機物に分解する➡窒素やリン
7 ○　**8** ○
9 ×：片利共生➡相利共生

4

頻出度
★★☆

人口問題

2 飢餓　6 水・衛生　7 エネルギー　9 産業革新　11 まちづくり

■ 人口と環境問題

　産業革命による工業化や経済の急速な発展に伴い、人口の急激な増加が始まりました。人口が増加すると、環境に与える負荷も増大します。自然環境保全、資源・エネルギー問題、食糧問題など世界が取り組むべき緊急課題の背景には、この人口急増があるのです。

　世界の人口は、2022 年 11 月に 80 億人になりました。最新の『世界人口推計－2022 年改訂版－』では、世界の人口は 2058 年に約 100 億人まで増加し、2100 年までその水準が維持されると予想されています（国連経済社会局人口部　2022 年発表）。

　近い将来、アジア、特に中国とインドが米国、欧州と並ぶ世界経済の中心となると予想されています。

長年、人口が世界最大の国は中国でしたが、2023 年 1 月にインドが一番になりました。中国は「一人っ子政策」の影響で 2020 年から減少傾向に転じています。

アフリカ地域は人口増加率が高く、2050 年には倍増すると予測されています。

● 人類誕生から 2050 年までの世界人口の推移（推計値）グラフ

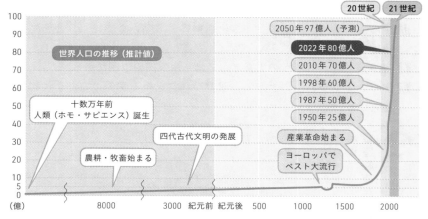

出典：国連人口基金駐日事務所ホームページをもとに作成

■日本の人口動態

　日本の総人口は、2008年の約1億2,808万人をピークに年々減少しています。2021年10月の時点で1億2,550万人となりました。2065年までに9,000万人を割り込み、少子化と高齢化が進むと予測されています。下の図からも、日本が高齢化社会であることがわかります。

　高齢化は、都市、地方の双方で進み、特に地方では、過疎化や高齢化により、社会的共同生活の維持が困難な状態にある限界集落の問題が深刻化しています。

● 高齢化の推移と将来推計

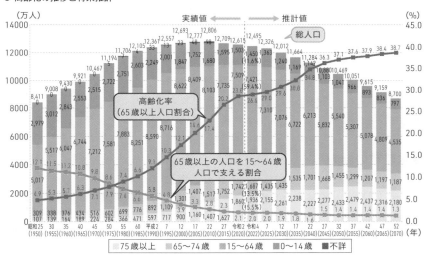

出典：内閣府『令和5年版高齢社会白書』

 問題　**次の文章の（　）に当てはまる語句はなにか。**

1 世界の人口は2022年11月に（　ア　）人を超えた。また、最も人口の多い国は（　イ　）である。

2 地方では高齢化が進んだことにより、社会的共同生活の維持が困難な状態にある（　ウ　）の問題が深刻化している。

答え　**1** ア：80億　イ：インド
　　　2 ウ：限界集落

5

頻出度
★★☆

食料需給・資源と環境・貧困と格差・生活の質

1 貧困　2 飢餓　4 教育　9 産業革新　10 不平等　12 生産と消費　14 海洋資源

■ 食料需給

人口の増加、所得水準の向上などに伴い、ますます多くの食料が必要とされています。一方、供給面では農地の劣化や水不足、家畜伝染病の発生などが供給量の変動をもたらしています。

極度の貧困の中で暮らす人が 8.4 億人（2015 年）もいるにもかかわらず、先進国では肥満や食品ロスなど、不均衡の問題もあります。

先進国の**食料自給率**（2018 年、**カロリーベース**）は、カナダ、オーストラリアが 200％を超え、米国、フランスが約 130％、ドイツが 86％です。日本は、食料資源を海外に頼っているため 37％と先進国の中で最も低い状況です。

■ 水産業の動向

世界の漁業と養殖業を合わせた生産量は増加し続けています。このうち養殖業の収穫量は急激に伸びており、漁業と養殖業はほぼ同じ生産量となっています。

漁獲量を地域別にみると、先進国は過去 20 年間横ばいあるいは減少傾向にあるのに対し、アジアの新興国をはじめとする開発途上国の漁獲量は増加しています。

■ 畜産業の動向

肉類の消費は、東アジア、特に中国で大きく伸びました。鶏の飼育頭数はこの 10 年で約 1.3 倍に増加しています。

■ 資源利用と環境負荷

現代の私たちの生活は、エネルギー資源の大量消費によって成り立っています。エネルギーや資源の利用には環境負荷が伴いますし、化石燃料などの地下資源は有限で

✏ **食料自給率**
食料供給に対する国内生産の割合を示す指標。①重量で計算する「重量ベース自給率」、②カロリーで計算する「カロリーベース総合食料自給率」、③価格で計算する「生産額ベース総合食料自給率」がある。

魚介類の生産量のうち、約半分が養殖業です（2020 年）。

す。将来の世代のためにも、資源の過剰利用をやめ、資源の有効活用・循環利用を実現する仕組みを確立する必要があります。

■ 資源の枯渇

化石燃料資源量に関する指標には**可採年数**がよく使われます。下の表のように、金の可採年数は約20年、銅が約35年、鉄が約70年となっています。今後ますます需要が伸びると予想される**レアメタル**は、可採年数が50年程度のものが多く、かつ特定の地域に偏在しています。

スマホやゲーム機などの**小型家電製品**には、金、銀などの貴金属やレアメタルが含まれており、**都市鉱山**とも呼ばれています。これらの有用な資源を確保するために、**小型家電リサイクル法（2013年）**が施行されました。東京2020オリンピック・パラリンピックでは、これら都市鉱山からの金属がメダルの原材料として活用されました。

● 主な資源の可採年数

資源	石油	天然ガス	石炭	金	銅	鉄	レアメタル
可採年数	46年	63年	119年	20年	35年	70年	50年程度

出典：環境省「平成23年度版　環境白書」(https://www.env.go.jp/policy/hakusyo/h23/pdf/full.pdf) より作成

■ 経済と環境負荷

一般的に、経済の成長に伴ってエネルギー消費や環境負荷は増加します。**デカップリング**とは、一定の経済成長を維持しながらも環境負荷を抑えていく考え方のことです。つまり、「経済成長」と「環境負荷」を切り離していく必要があります。

■ 貧困、格差、生活の質

1日当たり1.9米ドル未満（2015年10月物価水準）で生活している人は<u>極度の貧困状態</u>にあるとされ、世界の人口の約1割が該当します。貧困の撲滅は、1992年のリオ宣言でも持続可能な開発の実現に必要なものとして位置

多くの資源の可採年数が、100年を下回っています。

📝 **レアメタル確保戦略**
日本における戦略は以下の4つ。
①海外資源の確保
②リサイクル
③代替資源の開発
④備蓄

レアメタルに対し、鉄やアルミニウムなど、大量に消費される金属のことをベースメタルといいます。

📝 **極度の貧困状態**
世界銀行が設定する国際貧困ライン（一日あたり1.90ドル）未満での生活のこと。基準は、物価変動をふまえて定期的に見直されている。

づけられました。SDGsでも、**目標1**に「**あらゆる場所であらゆる形態の貧困を撲滅する**」ことを掲げています。

■ 格差構造

　世界では、裕福な人と貧しい人との格差が年々拡大しています。

　所得の格差を表す指標の一つとして**ジニ係数**があります。0から1の間の数値で示され、**0は完全な平等状態**を、**1に近いほど格差が大きい**ことを示します。日本のジニ係数は、0.33と大きい数値で推移しています。ジニ係数が最も大きいのは米国で、小さいのはノルウェーやデンマークなどの北欧諸国となっています。

　SDGsでは、**目標10**に「**国家内及び国家間の不平等を是正する**」ことを掲げています。

■ 日本の食料自給率

　日本の食料自給率（カロリーベース）は、**2000年以降40％以下**で推移し、先進国の中では最低です。その原因として、日本人の食生活における米の消費が減少し、パンや麺類の原料となる小麦粉、獣鳥肉、乳製品の需要が増加したことが挙げられます。

　農林水産省は食料自給率を向上させるため「FOOD ACTION NIPPON」運動を展開しており、「**地産地消**」（地域でとれたものをその地域で消費）や、「**旬産旬消**」（栄養豊富な「旬」な食材を「旬」の時期に消費）を推進しています。

　2020年3月には食料・農業・農村基本計画が閣議決定されました。食料自給率の向上と食料安全保障の確立を基本方針としており、新たな食料自給率の目標（2030年度）をカロリーベース総合食料自給率45％、生産額ベース総合食料自給率75％としました。目標の実現に向けて、食育や国産農産物の消費拡大、地産地消、和食文化の保護・継承、食品ロスの削減をはじめとする環境問題への対応などの施策を、国民が日常生活で取り組みやすいように

10億ドル／ポンド／ユーロ以上の資産を有する富豪をビリオネアといいます。貧富の格差は年々拡大しています。

2022年に世界で最も裕福な10人の資産は、最も貧しい40％に当たる約31億人分を上回っています。

✐ FOOD ACTION NIPPON
日本の食料自給率を上げるため、国・地方公共団体・賛同企業・大学・個人会員などが協同で行っている活動。

推進する必要があるとしています。

● 食料自給率の推移

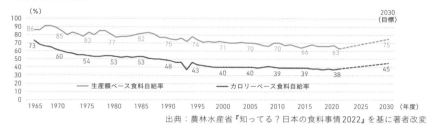

出典：農林水産省『知ってる？日本の食料事情2022』を基に著者改変

《 COLUMN 》

エコロジカルリュックサック

ある製品や素材に関して、その生産のために移動された物質量を重さで表した指標のことをエコロジカルリュックサックといいます。例えば、金属を得る際、鉱山を掘ることで緑の消失や水質汚染などを起こし、運搬や精錬などに使うエネルギーでは温暖化を招いています。金1kg得るために必要な土砂は100万倍以上（約1.1t）といわれています。同じ重量の商品でも、その材質（木製か金属製か、金か銅かなど）によって、物質の移動量にどの程度の差があるか比較可能とするための指標です。同じ機能の製品を作る場合、コストだけでなく環境負荷も考慮することが重要です。

問題　次の文章が正しいか誤りか答えよ。

1　世界の水産業について、養殖業の漁獲量は減少傾向にある。

2　所得の格差を表す指標であるジニ係数は0から1の数値で表され、1に近いほど平等な状態を指す。

3　貧困の撲滅は国際的にも重要な課題とされており、SDGsにおいても、目標1に「あらゆる場所であらゆる形態の貧困を撲滅する」ことを掲げている。

4　石炭の可採年数は46年である。

5　地産地消とは、取れたものを取れた地域で消費することをいう。

6　経済成長を維持しながらも、資源消費やCO₂排出を抑えるなどして環境負荷の増大を抑えていく考え方をトレードオフという。

答え　1 ×：減少傾向➡増加傾向　　2 ×：1に近いほど格差が大きいことを指す
3 ○　4 ×：46年➡119年　5 ○　6 ×：トレードオフ➡デカップリング

次の文章の（　）に当てはまる語句はなにか。

① 地表の約（　ア　）% が海、約（　イ　）% 陸地であり、また、地球の陸地面積の約（　ウ　）% が森林面積である。

② 海洋の循環の一つである（　エ　）は、周辺地域の気候に大きな影響を与えているほか、栄養分やプランクトンなどを移動させる役割もある。

③ 太平洋赤道域の日付変更線付近からペルー沿岸にかけて海水の水温が平年に比べて高い現象を（　オ　）という。

④ 熱帯林は、「（　カ　）の宝庫」といわれ、生物多様性に富んでいる。

⑤ 生態系ピラミッドでは、植物を（　キ　）、（　ク　）を消費者、土壌生物を（　ケ　）と呼ぶ。

⑥ レイチェル・カーソンは、著書『（　コ　）』の中で、農薬や化学物質による汚染が毒の連鎖となって人間にも及ぶことを警告した。

⑦ 食物連鎖の一種であり、動植物の遺骸や排泄物が微生物によって分解され、その過程で栄養素が回収されることを（　サ　）という。

⑧ （　シ　）の可採年数は63年、（　ス　）は20年、（　セ　）は70年といわれている。

⑨ スマホやゲーム機などの小型家電製品には、金、銀などの貴金属やレアメタルが含まれており、（　ソ　）とも呼ばれている。

⑩ 日本の食料自給率は37% で先進国の中で最も（　タ　）。

⑪ 農林水産省は食料自給率を向上させるため（　チ　）運動を展開している。

答え

① ア：71　イ：29　　ウ：30
② エ：海面表層部循環
③ オ：エルニーニョ現象
④ カ：生物資源、遺伝子資源
⑤ キ：生産者　　ク：動物　　ケ：分解者
⑥ コ：沈黙の春
⑦ サ：腐食連鎖
⑧ シ：天然ガス　　ス：金　セ：鉄
⑨ ソ：都市鉱山
⑩ タ：低い
⑪ チ：FOOD ACTION NIPPON

第 3 章

環境問題を知る

1 地球温暖化の科学的側面

7 エネルギー　13 気候変動

■ 地球温暖化とは

　18世紀半ばから19世紀にかけて起こった産業革命以降、人類による石炭・石油・天然ガスなどの化石燃料の大量消費により温室効果ガス（GHG）が大量に排出され、大気中のGHG濃度が高まりました。また、森林の減少によりCO_2吸収量が減少したこともGHG濃度上昇の原因です。この過剰な温室効果によって地球の平均気温が上昇しています。これが地球温暖化です。温暖化は気温の上昇のみならず、地球上の気候システムに変化を及ぼし、水資源、気象災害、生態系、健康、食料供給などさまざまな分野に影響を与えています。

■ 温室効果のメカニズム

　地球温暖化は、大気中の温室効果ガスが増えすぎて（濃度の上昇）大気中に熱がこもり、地表付近の温度が上昇することをいいます。

　地球の温度は、太陽から地球に注がれるエネルギー（太陽放射）と、海面や地表を暖めた熱を宇宙に向けて放出する赤外線のエネルギー（地球放射）のバランスによって決まります。

　太陽放射のほとんどは大気に吸収されず通り抜け、地表面を加熱します。一方、地表から放射される赤外線のエネルギーは、大気中の水蒸気（H_2O）、二酸化炭素（CO_2）、メタン（CH_4）、一酸化二窒素（N2O）、ハイドロフルオロカーボン類（HFCs）、パーフルオロカーボン類（PFCs）、六フッ化硫黄（SF6）、対流圏のオゾン（O3）などの大気中の温室効果ガスによって吸収されます。その結果、これらのガスが毛布のような効果を及ぼし、地球大気の下層や地表の平均気温を上昇させます。これを温室効果といいます。

✐ 温室効果ガス
（GHG:GreenHouse Gases）には、二酸化炭素（CO_2）、メタン、一酸化二窒素などがあり、温室効果の度合いは異なる。（地球温暖化係数（GWP））
なお、水蒸気も温室効果ガスである。

✐ 地球温暖化係数
その物質が地球の温暖化に対してどの程度の影響を与えるかを示す指標。例えば、二酸化炭素の温室効果に対し、メタンは、約25倍、一酸化二窒素は、約298倍、フロン類は数千〜数万倍である。

家畜の消化管で発酵されて発生するメタン、冷蔵庫やエアコンで使われてきたフロンも温室効果ガスの一種です。

● 温室効果のメカニズム

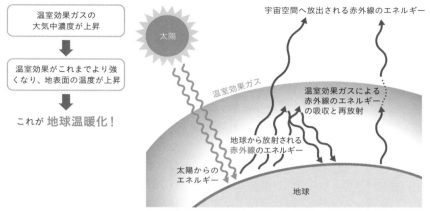

温室効果ガスの
大気中濃度が上昇

↓

温室効果がこれまでより強
くなり、地表面の温度が上昇

これが 地球温暖化！

宇宙空間へ放出される赤外線のエネルギー

太陽

温室効果ガス

温室効果ガスによる
赤外線のエネルギー
の吸収と再放射

地球から放射される
赤外線のエネルギー

太陽からの
エネルギー

地球

出典：環境省「地球温暖化の影響・適応情報資料集」（2009年2月）をもとに作成

　もし、大気中に水蒸気や二酸化炭素などの温室効果ガ
スがなければ、温室効果が働かないため地表の温度は氷点
下18℃前後となってしまいます。温室効果ガスのおかげで
地球の地表平均気温は約15℃で保たれています。

■GHG濃度の上昇とその原因

　産業革命前（現在から約250年前）のCO$_2$濃度は
280ppmでしたが、産業革命以降の化石燃料の大量消費
により、2018年には408ppmまで増加しました。今後も
世界経済の高い成長が続き、大量の化石燃料を消費し続
けると、2100年には936ppmまで増加し、世界平均気温
が最大で4.8℃上昇すると予想されています。

■IPCC評価報告書が示す地球温暖化の知見

　「気候変動に関する政府間パネル（IPCC：
Intergovernmental Panel on Climate Change）」は、
1988年に世界気象機関（WMO）と国連環境計画（UNEP）
によって設立された組織です。各国の科学者などの専門家
が参加し、地球温暖化に関する研究や対策について、科
学的、技術的、社会経済学的な観点から評価を行うこと
を目的としています。以下の3つの作業部会に分かれて報

⊘ ppm (parts per
million)
100万分の1を表す単
位。
CO$_2$濃度が280ppmと
は、大気1m^{3}中にCO$_2$
が280ml含まれてい
ることになる。

地球温暖化のメカニ
ズムと、温暖化の現
状、影響などを理解
しましょう。

告書を公表し、最終的に統合報告書にまとめています。

- **第1作業部会**「自然科学的根拠」
- **第2作業部会**「影響・脆弱性・適応策」
- **第3作業部会**「気候変動の緩和策」

評価結果は数年ごとに評価報告書で公開され、国際間や各国での気候変動政策に強い影響力を持ちます。最新のものは2023年3月に公表された第6次評価報告書（AR6）統合報告書です。

第4次報告書（2007年）では、地球温暖化は、我々人類の活動が原因と断定され、第5次評価報告書（2014年）では、気候システムの温暖化は疑う余地がないとして、人間活動の影響が20世紀半ば以降に観測された地球温暖化の主要な要因であった可能性が極めて高い（95％以上）と結論づけました。

この人類の活動による気候変動が、高頻度の豪雨、極端な高温、干ばつなどの異常現象の頻度と強度を増加させ、広範囲に大きな影響を与えています。世界各国でGHG排出量の削減など緩和策がより強化されない限り、21世紀中に2℃以上の地球温暖化が生じ、一層深刻なリスクに直面することになると警告を発しています。

この温暖化により、グリーンランドと南極の氷床が減少、北極海の海氷・北半球の春季積雪面積が減少するなどして、21世紀末には海面が26～82cm上昇すると予想されています。さらには、穀物の収穫量が減少し、数億の人々が食料不足となり、高緯度地帯では、寒波による死者が増加するなど真逆の現象も起き、世界的に多くのリスクに直面します。（IPPC第5次評価報告書）

適応策
気候変動によるリスクに対し、例えば、高温多湿に強い農作物の開発、堤防などの防災設備の整備、熱中症対処法の普及など。

人類の活動が地球温暖化の原因である可能性が極めて高いです。

緩和策
GHGの排出の削減や、GHGの吸収を促進するために森林保全対策や省エネルギーなどを推進する対策のこと。

地球温暖化は、世界中に深刻な影響を与えています。

《 COLUMN 》

いつと比較しての上昇？100年前？200年前？

気温上昇を2.0℃や1.5℃以下に抑えようといっていますが、いつと比較しての上昇を指すのでしょうか。地球温暖化の原因は、産業革命以降人類が化石燃料を大量に使用してきたからであるので、「産業革命前の温度と比べて」と覚えておきましょう。

問 題 次の文章の（　）にあてはまる語句は何か。

1 地球は、太陽光によって暖められた地表から（ ア ）を放出し、その一部を大気中の（ イ ）が吸収する。

2 （ ウ ）とは大気中の温室効果ガスの濃度が高くなることにより、地球表面付近の温度が上昇することをいう。

6 現在、地球の地表平均気温は約（ キ ）となっているが、温室効果ガスがないと地表面温度は約（ ク ）となってしまう。

7 IPCCは、第5次評価報告書で地球温暖化の主要な要因は（ ケ ）の影響である可能性が極めて高い（95％以上）と結論づけた。

8 IPCCの第5次評価報告書では、今後も（ コ ）が大量に消費され続けると、世界の平均気温は今世紀末までに最大で（ サ ）℃上昇する可能性があると発表した。

9 CO_2濃度は、産業革命前は（ シ ）ppmであったが、2018年には（ ス ）ppmまで増加し、2100年には（ セ ）ppm以上に増加すると予測されている。

答え
1 ア：赤外線　イ：温室効果ガス
2 ウ：地球温暖化
3 エ：吸収
4 オ：フロン
5 カ：メタン
6 キ：15℃　ク：-18℃
7 ケ：人間活動
8 コ：化石燃料　サ：4.8
9 シ：280　ス：408　セ：936

2 地球温暖化対策 〜緩和策と適応策〜

頻出度 ★★★

7 エネルギー　13 気候変動　15 陸上資源

■ 地球温暖化対策の柱

地球温暖化防止対策には、緩和策（mitigation）と適応策（adaptation）の2種類があります。緩和策は、GHGの排出の削減や、GHGの吸収を促進するために森林保全対策や省エネルギーなどを推進することです。適応策は、地球温暖化がもたらす気候変動や異変による被害を抑えるための対策です。

■ 緩和策

緩和策は大きく分けて①エネルギー供給段階での対策、②エネルギー利用段階での対策、③森林・吸収源対策、④排出された CO_2 の回収・貯留があります。日本のGHGの総排出量の約92％は CO_2 で、その約85％をエネルギー起源の CO_2 排出量が占めています（2018年度）。そのため、緩和策の重点はエネルギー対策とされています。

【緩和策の例】

(1) 産業部門…低炭素エネルギーへの転換、省エネルギー
(2) 民生部門…省エネ製品の普及促進、省エネ型ライフスタイル、建物の断熱・空調など省エネ化
(3) 交通部門…エコドライブ、モーダルシフト、電気自動車の普及、公共交通機関の利用
(4) 社会システム…排出量取引、カーボンプライシング、ESCO事業の推進

■ 適応策

緩和策を最大限に行っても、影響を完全には抑制できません。そのため、人や社会、経済のシステムを適応させ

モーダルシフト
トラック輸送から、環境負荷の少ない鉄道輸送や船舶輸送に切り替えることや、マイカー移動をバスや鉄道に切り替えること。

カーボンプライシング
企業などの排出する CO_2（カーボン、炭素）に価格をつけ、それによって排出者の行動を変化させるために導入する政策手法。

ESCO事業
省エネルギーに関する包括的サービスの提案、施設の提供・維持・管理などを提供する事業。省エネ効果の保証などにより顧客の省エネ効果（メリット）の一部を報酬として受け取る事業。

ることで、悪影響を可能な限り小さくする努力が必要となります。適応策の実施においては、地球温暖化に対する<u>脆弱性</u>を把握し、地域特性などに合った対策を進め、<u>レジリエント（強靭性）</u>を強めることが重要です。

【適応策の例】

(1) 水資源…飲料水の確保や開発、備蓄

(2) 農業・食糧…干ばつや気温上昇に耐えうる品質改良、排水対策

(3) 森林・環境保全…生態系の保全のための保護区の設定

(4) 防災・減災…台風などの早期警報、防災訓練・教育などの実施

(5) 都市インフラ…災害時のライフラインの確保、及び交通運輸、リスクの少ない土地利用計画

(6) 衛生改善…気温上昇などによる伝染病発生・蔓延の防止

地球温暖化対策はまず、温室効果ガス（GHG）の排出を削減、吸収源の保全を推進し、<u>地球温暖化の進行を食い止める「緩和策」</u>が重要です。併せて<u>温暖化による影響の軽減に備えた「適応策」</u>も必要ということを覚えておきましょう。

緩和策と適応策、それぞれの役割を理解しておきましょう！

問題　**次の文章が正しいか誤りか答えよ。**

1 地球温暖化の進行を食い止める対策のことを緩和策といい、温室効果ガスの削減などがそれに該当する。

2 緩和策を十分に行えば、地球温暖化の影響を完全におさえることができる。

3 適応策の例として、低炭素エネルギーの拡充や省エネルギーの強化が挙げられる。

答え　**1** ○　**2** ×：完全には抑制できない
3 ×：緩和策の例である

3

地球温暖化問題に関する国際的な取り組み

7 エネルギー　13 気候変動　17 実施手段

■ 地球温暖化問題に関する国際的な取り組み

国際社会において、地球温暖化の主な原因は、人為的に排出される温室効果ガスであるという基本的問題意識が存在します。1992年の地球サミットの直前に国連気候変動枠組条約（UNFCCC）が採択されました。この条約の目的は、大気中の温室効果ガスを減らし、濃度を安定化することです。

それ以来、締約国会議（COP：Conference of the Parties）が開催されてきています。1997年のCOP3は日本で開催され京都議定書が採択されました。2015年のCOP21ではパリ協定が採択され、2020年以降のGHG排出削減等のための国際的な枠組みについて定めました。

■ 京都議定書

京都議定書とは、気候変動枠組条約に基づき、1997年12月に京都市で開かれた第3回気候変動枠組条約締約国会議（COP3）で議決した議定書です。

地球温暖化の原因となるGHG排出量削減について、1990年を基準年として先進国全体では5.0%減（主要先進国全体で5.2%減）、また各国別にも定めており約束期間内（2008〜2012年）に目標値を達成することを求めています。日本は6%の削減義務を達成しました。

議定書にはほかにも京都メカニズムや、吸収源活動についても盛り込まれています。

■ パリ協定

パリ協定は、2015年のCOP21で採択された法的拘束力を持つ国際協定です。日・米・欧などの先進国に加え、中国、インドなどの新興国や途上国を含む196カ国・地域

🖉 気候変動に関する国際連合枠組条約（UNFCCC）

いわゆる「気候変動枠組条約」。1992年、地球サミットにて署名開始。各締約国には、①温室効果ガスの排出量を1990年の水準に減らすための排出抑制や吸収・固定化、②結果予測情報を提出、③締約国会議で審査、④先進国の途上国への資金・技術援助などを規定している。

🖉 吸収源活動

吸収源とは、二酸化炭素など温室効果ガスのもとになる物質を吸収する、海や森林、土壌などのこと。吸収源を増やす活動を吸収源活動といい、植林や森林・耕作地管理などがこれにあたる。

が参加する歴史的な合意です。この協定では、世界的な平均気温上昇を産業革命以前と比較し、2℃より十分低く保つ2℃目標を設定したうえ、さらに1.5℃に抑える努力を追求するとしました。

パリ協定では、各国が自主的に決定する約束（NDC）を提出することが求められています。2015年に日本は2030年度を目標年として「2013年度比26％削減」と目標を提出しました。しかし、世界各国の環境NGO「気候行動ネットワーク」が温暖化対策の国際交渉で後ろ向きな国に皮肉を込めて贈る「化石賞」が日本に贈られました。

2020年10月26日、菅首相（当時）が就任後初の所信演説でGHG排出を2050年に実質ゼロを、そして2030年には2013年比46％削減を表明しました。

京都議定書では、先進国だけが数値目標を設定していました。

3

環境問題を知る

🖋化石賞
締約国会議COPにおいて、地球温暖化対策に積極的に取り組んでいない国に皮肉を込めてNGOから送られる賞。

● 世界のエネルギー起源CO₂排出量（2019年）

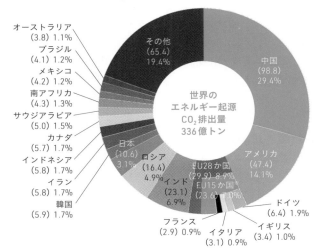

オーストラリア
(3.8) 1.1%
ブラジル
(4.1) 1.2%
メキシコ
(4.2) 1.2%
南アフリカ
(4.3) 1.3%
サウジアラビア
(5.0) 1.5%
カナダ
(5.7) 1.7%
インドネシア
(5.8) 1.7%
イラン
(5.8) 1.7%
韓国
(5.9) 1.7%

その他
(65.4)
19.4%

中国
(98.8)
29.4%

世界の
エネルギー起源
CO₂排出量
336億トン

日本
(10.6)
3.1%
ロシア
(16.4)
4.9%
インド
(23.1)
6.9%
EU28か国
(29.9) 8.9%
EU15か国
(23.6) 7.0%

アメリカ
(47.4)
14.1%

フランス
(2.9) 0.9%
イタリア
(3.1) 0.9%
イギリス
(3.4) 1.0%
ドイツ
(6.4) 1.9%

排出量第1位は中国、2位はアメリカ、3位はEU28か国、4位はインドです。

※（排出量）単位：億トン
※EU15か国は、COP3（京都会議）開催時点での加盟国である。
※四捨五入のため、各国の排出量の合計は世界の総排出量と一致しないことがある。

資料：国際エネルギー機関（IEA）「Greenhouse Gas Emissions from Energy」2021 EDITION を基に環境省作成
出典：環境省『気候変動の国際交渉｜関連資料』

各国は自主的に設定した目標を2023年から5年に一度国連に提出し、排出量の実績などについて検証を受け、改善が行われることで対策を強化していく仕組みとなっています（**グローバルストックテイク**）。各国が長期的な目標を立て、着実に取り組んでいくことが重要です。

■パリ協定の課題

パリ協定には各国があらかじめ提出した当面の自主的な削減目標を組み込んでいましたが、すべて達成しても気温は3℃近く上がると予想され、2℃目標からはほど遠いとされています。GHG排出削減量でいうと60〜110億tもの差があるため**ギガトンギャップ**と呼ばれています。

■グラスゴー気候合意

COP26（2021年11月、英国・グラスゴー）では、この**ギガトンギャップ**に対し、各国が「**ネットゼロ排出**」を宣言し、**1.5℃目標を目指す**ことが明記されました。この目標を達成するため、2030年に世界全体の排出量を2010年比で45%削減、2050年頃には実質ゼロにする必要があります。

■二国間クレジット制度（JCM）

日本政府は、途上国の省エネルギーや再生可能エネルギー導入を促進し、NDC（パリ協定で締約国にGHG削減取組みを自主的に決定する約束）の実施などで脱炭素社会を実現するための施策として「**二国間クレジット制度（JCM:Joint Crediting Mechanism）**」を提案しました。相手国への脱炭素技術などの普及や、対策実施を通じて実現した排出削減・吸収量を自国の削減目標に利用できる制度です。2023年7月現在、モンゴル、タイ、エチオピアなど27カ国の国と協定を結んでおり、2025年をめどにパートナー国を30か国程度まで増やすことを目指しています。

アメリカは、2020年トランプ政権時にパリ協定から一度離脱しましたが、2021年バイデン政権時に復帰しました。

📝 **ネットゼロとカーボンニュートラル**
類似した概念で、ネットゼロはGHG排出量から吸収量と除去量を差し引いた合計がゼロというもの。カーボンニュートラルは、GHGでなくその中のCO_2のみを排出ゼロ対象にしている場合がある。

問題 次の文章の（　）に当てはまる語句は何か。

1 京都議定書における温室効果ガス削減目標は、先進国全体で1990年比（ ア ）％減、主要先進国全体で（ イ ）％減である。

2 植林や森林・耕作地管理などにより、二酸化炭素など温室効果ガスのもとになる物質を吸収する森林、土壌などを増やす活動を（ ウ ）という。

3 京都議定書の第一約束期間は（ エ ）年から（ オ ）年までであった。

4 京都議定書において、日本は（ カ ）％削減が義務づけられ、目標は達成した。

5 2015年のCOP21で採択された法的拘束力を持つ国際協定を（ キ ）という。

6 パリ協定は、世界の平均気温上昇を（ ク ）℃より十分低く保つ目標を掲げた。目標の実現に向けて各国が自主的に決定する約束（ ケ ）の公表、対策を実施するという方式をとっている。

7 （ コ ）は2020年にパリ協定から離脱したが、2021年に復帰している。

8 パリ協定の目的、長期目標の達成に向けた進捗確認のプロセスを（ サ ）という。

9 エネルギー起源CO_2排出量が最も多い国は（ シ ）である。

10 気候変動対策において、各国が温室効果ガスの削減目標をすべて達成しても、パリ協定の2℃目標にはほど遠いことを指摘する言葉を（ ス ）という。

11 日本政府は、途上国の省エネルギーや再生可能エネルギー導入を促進し、NDCの実施などで脱炭素社会を実現するための施策として（ セ ）を提案した。

答え

1 ア：5.0　イ：5.2　　**2** ウ：吸収源活動

3 エ：2008　オ：2012　　**4** カ：6　　**5** キ：パリ協定

6 ク：2.0　ケ：NDC　　**7** コ：アメリカ

8 サ：グローバルストックテイク

9 シ：中国　　**10** ス：ギガトンギャップ

11 セ：二国間クレジット制度（JCM）

4

日本の地球温暖化対策

7 エネルギー　12 生産と消費　13 気候変動　17 実施手段

■ 日本の地球温暖化対策

日本の地球温暖化対策は、環境基本計画と地球温暖化対策推進法を中核としています。

● 日本の地球温暖化対策

環境基本計画(5年に一度策定) 地球温暖化対策推進法	**+**	気候変動適応法 エネルギー政策基本法 省エネ法 再生可能性エネルギー特別措置法 都市の低炭素化の促進に関する法律 （エコまち法）

■ 地球温暖化対策推進法

1997年の京都議定書の採択を受けて、1998年に地球温暖化対策推進法が制定されました。日本の地球温暖化対策の基盤として、国・地方公共団体・事業者・国民の責務や取組の枠組みを定めた法律です。温室効果ガスを一定量以上排出している事業者に対して、毎年排出量を**算定・報告・公表**することを義務づけています。

■ 日本の企業・地方自治体・国民運動

気候変動ではなく気候危機といわれる現在、企業、地方自治体、NPOなどのさまざまなステークホルダー（利害関係者）が、自主的にそして協働して地球温暖化対策に取り組んでいます。

● 企業

企業は、気候変動を経営リスクとして捉え、また社会的責任として積極的に対応することが求められています。

> 🖉 **地球温暖化対策推進法**
> 2021年5月の改正では、2030年度には温室効果ガスの排出量を2013年度比で46%減するという中期目標を実現し、2050年までに「カーボンニュートラル」を実現するとしている。

（1）排出者としての企業

　GHG の排出量の削減目標を定め、その状況を算定・報告するシステムとしての、SBT（Science Based Targets）や事業運営のための電力を100％再生可能エネルギーで調達する RE100（Renewable Energy 100%）などがあります。p64の通り、この分野では日本も大企業を中心に積極的に参加しています。

・SBT

　2015年のパリ協定で合意した **2℃目標** と整合する、科学的根拠に基づいた温室効果ガスの排出削減目標のこと。賛同企業が5〜15年先を目標年として設定し、SBT イニシアティブが認定する。

・RE100

　2014年に発足した国際 NPO「The Climate Group」（英国）が推進。遅くとも2050年までに再生可能エネルギー100％で事業を運営することの宣言と、毎年の進捗報告書の提出を要件とし、中間目標の設定などを推奨している。

（2）製品・サービスの提供者としての企業

　企業がサプライチェーン・バリューチェーンを通じて、GHG 排出の少ない製品やサービスを市場に提供することで、多くのステークホルダーにも影響を与え、脱炭素社会の実現に繋がります。これまではキャッシュフローや利益率などの定量的な財務情報が重視されてきました。しかし近年、**ESG（環境・社会・企業統治）投資、グリーンボンド** 等の民間資金の活用が不可欠になっています。

（3）温暖化対策ビジネス実施者としての企業

　企業が **CSR（企業の社会的責任）** やエコブランディングに注力し、温暖化対策に取り組むことは、必ずしも負担になるわけではありません。2021年6月に改訂された日本の「コーポレートガバナンス・コード」では、2022年度から

サプライチェーン
原材料の調達から生産・販売・物流を経て最終需要者に至る、製品・サービス提供のために行われるビジネス諸活動の一連の流れをいう。

ESG投資
非財務情報である ESG 要素を考慮する投資を「ESG投資」という。

環境（Environment）：二酸化炭素の排出量削減や化学物質の管理など。

社会（Social）：健康、人権問題への対応や地域社会での貢献活動など。

企業統治（Governance）：コンプライアンスのあり方、社外取締役の独立性、情報開示など。

グリーンボンド
企業や地方自治体等が、環境問題の解決に貢献する事業に要する資金を調達するために発行する債券。

東京証券取引所のプライム市場に上場する企業に対し、「気候関連財務情報開示タスクフォース（TCFD）」または同等の国際的枠組みに基づいた気候関連財務情報の開示の質と量の充実を求めており、投資家に対して適切な判断を促しています。GHGの削減推進やステークホルダーへのアピールにもつながり、上場企業以外にも取り組みが広がることが期待されています。

⊘ TCFD
(Task Force on Climate-related Financial Disclosures)
投資家が適切な投資判断ができるよう、気候関連財務情報の開示を企業へ促すために設立された。

● 脱炭素経営に向けた取組の広がり

TCFD

企業の気候変動への取組、影響に関する情報を開示する枠組み

■ 世界で4,638（うち日本で1,389機関）の金融機関、企業、政府等が賛同表明

■ 世界第1位（アジア第1位）

出所：TCFD ホームページ TCFD Supporters https://www.fsb-tcfd.org/tcfd supporters/supporters/）より作成。

TCFD賛同企業数（上位10の国・地域）

国・地域	企業数
日本	1389
イギリス	517
アメリカ	486
オーストラリア	177
韓国	177
カナダ	155
台湾	150
フランス	142
インド	95
中国	81

SBT

企業の科学的な中長期の目標設定を促す枠組み

■ 認定企業数：世界で2,986社（うち日本企業は515社）

■ 世界第1位（アジア第1位）

出所：Science Based Targets ホームページ Companies Take Action http://sciencebasedtargets.org/companies taking action/action/）より作成。

SBT国別認定企業数グラフ（上位10カ国）

国	企業数
日本	515
イギリス	509
アメリカ	350
ドイツ	260
スウェーデン	159
フランス	156
デンマーク	111
インド	78
中国	74
ベルギー	70

RE100

企業が事業活動に必要な電力の100%を再エネで賄うことを目指す枠組み

■ 参加企業数：世界で412社（うち日本企業は81社）

■ 世界第2位（アジア第1位）

出所：RE100 ホームページ（http://there100.org/ org/）より作成。

RE100に参加している国別企業数グラフ（上位10の国・地域）

国・地域	企業数
アメリカ	98
日本	81
イギリス	48
韓国	33
台湾	28
オーストラリア	18
ドイツ	17
スイス	16
フランス	14
オランダ	11

出典：環境省HP（2023年6月30日）より加工して作成（https://www.env.go.jp/earth/datsutansokeiei.html）

●地方自治体

　近年、地方自治体も独自に温暖化対策を推進する動きが活発化しています。当初は自治体の「**環境未来都市**」「**SDGs未来都市**」などでの**モデル事業**からスタートしました。2018年よりスタートした「**地方創生SDGs官民連携プラットフォーム**」は民間企業・団体を巻き込み、会員数は約6,000団体（2021年末）にもなっています。2019年より「地方創生SDGs金融」がスタートし、自治体が中小企業によるSDGsの取組みを見える化し、地域金融機関などと連携・支援することで、民間による地域課題の解決を促進しています。また、2021年には地域脱炭素ロードマップが策定され、脱炭素化に向けた、人材・技術・情報、そして資金を積極的に支援する対策が行われることになりました。そのほか、ICTなどの新技術を活用した**スマートシティ**や、2050年にGHG排出量ゼロを目指した**ゼロカーボンシティ**の開発が進められています。

●国民運動の展開

　国民運動の例として、夏にネクタイや上着無しの軽装で、エアコンの設定を28℃にする**クールビズ**や、省エネ・低炭素型製品やサービス・行動等の賢い選択を促す COOL CHOICE、家庭エコ診断等によるCO$_2$排出量の見える化や、アプリゲームで徒歩移動を促すなど市民に行動変容を促す**ナッジ**などがあります。

■ 脱炭素社会を目指して

　パリ協定によって掲げられた 2℃目標 の達成、さらに 1.5℃へ、人間活動に起因するGHGの排出量を実質的にゼロにする**カーボンニュートラル**を進め、**脱炭素社会**を実現することが必要です。

　COP26（2021年11月、英国・グラスゴー）ではパリ協定の長期目標として、気温上昇を産業革命前に比べて1.5℃に抑えることが明示されました。

📖 **地方創生SDGsプラットフォーム**
SDGsの国内実施を促進し、より一層の地方創生につなげることを目的に、広範なステークホルダーとのパートナーシップを深める場として内閣府が設置するもの。

📖 **地域脱炭素ロードマップ**
特に2030年までに集中して行う取組・施策を中心に、地域の成長戦略ともなる地域脱炭素の行程と具体策を示すもの。

📖 **スマートシティ**
ICT技術などの先端技術を活用し、エネルギーの利用や人・モノの流れを効率化することで利便性・快適性向上を目指した都市のこと。

クールビズやCOOL CHOICEは日常生活でも取り入れやすいですね。

この目標を達成するため、2030年に世界全体の排出量を2010年比で45%削減、2050年頃には実質ゼロにする必要があります。

● CO₂排出「実質ゼロ」とは

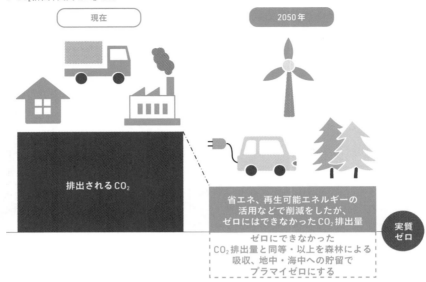

参考：環境省「脱酸素ポータル」を基に著者作成

　日本は、2050年までにGHGの排出量の実質ゼロを目指
していますが、経済を成長させながら脱炭素社会へ移行す
るためには、従来の政策を積み上げていく手法ではなく、
ビジョンやゴールをまず設定し、実現のための道筋を考え
る**バックキャスティング**による戦略立案が重要です。

　脱炭素化に向けた対策として、以下の3点が基本となり
ます。

① 供給エネルギーの見直し

　再生可能エネルギー等CO_2発生の少ないエネルギー源
の選択。

② エネルギー効率の向上

　施設・機器の省エネルギーの徹底。EVなどの低炭素車
の普及。

③ 産業構造や都市・社会構造の脱炭素化

　重化学工業からソフト産業へ、省エネ型都市・交通シ
ステムへの転換。

バックキャスティング
長期的な目標（ゴール）を想定して、そこから実現に向けたプロセスを考える手法をバックキャスティングアプローチという。これとは逆に、現状に立脚して将来を考える手法をフォーキャスティングアプローチという。

問 題 **次の文章の（ ）にあてはまる語句は何か。**

1 2015年のパリ協定で合意した2℃目標と整合する科学的根拠に基づいた、温室効果ガスの排出削減目標を認定するイニシアティブを（ ア ）という。

2 近年、特に大手企業は、財務的価値のみならず、環境、社会、ガバナンスの3つの視点での（ イ ）で評価されている。

3 2022年度から東京証券取引所のプライム市場に上場する企業に対し、（ ウ ）または同等の国際的枠組みに基づいた気候関連財務情報の開示の質と量の充実を求めている。

4 企業や地方自治体等が、環境問題の解決に貢献する事業に要する資金を調達するために発行する債券を（ エ ）という。

5 省エネ・低炭素型製品やサービス・行動等の賢い選択を（ オ ）という。

6 アプリゲームなどを活用し、行動科学や行動経済学の知見を活かした行動変容を（ カ ）という。

7 国民運動ひとつである「クールビズ」は、夏にネクタイや上着なしの軽装で、エアコンの室温設定を（ キ ）にすることを推奨している。

8 2050年までにGHG排出量実質ゼロを目指すことを表明した地方自治体は（ ク ）と呼ばれる。

9 二酸化炭素、メタン、フロンなど人間活動に起因する温室効果ガスの排出を実質ゼロにすることを目指した社会を（ ケ ）という。

10 脱炭素化に向けた対策の基本は(1)供給エネルギーの見直し、(2)（ コ ）、(3)産業構造や都市・社会構造の脱炭素化である。

11 人間活動に起因するGHGの排出が実質ゼロであることを（ サ ）という。

答え
1 ア：SBT	**2** イ：ESG投資	**3** ウ：TCFD
4 エ：グリーンボンド	**5** オ：COOL CHOICE	**6** カ：ナッジ
7 キ：28℃	**8** ク：ゼロカーボンシティ	
9 ケ：脱炭素社会	**10** コ：エネルギー効率の向上	
11 サ：カーボンニュートラル		

3

環境問題を知る

5 エネルギーと環境の関わり

頻出度
★★☆

7 エネルギー　13 気候変動　14 海洋資源　15 陸上資源　17 実施手段

■ エネルギーと環境

18世紀半ばの産業革命によって人類は化石燃料を使用し、経済・社会が発展してきました。

1950年代の**ロンドンスモッグ事件**や1960〜70年代に発生した**四日市ぜんそく**はエネルギー消費に伴う硫黄分などの排出が原因となって生じた**大気汚染問題**です。また化石燃料の消費は大量のCO_2を排出し、**地球温暖化**の原因となっています。現代の私たちの生活はエネルギー資源の大量消費によって成り立っていますが、環境へ及ぼす影響と向き合わなければいけません。

近年は、太陽光・風力に代表される**再生可能エネルギー**の活用が進んでいます。日本では2011年3月の東京電力福島第一原子力発電所事故をきっかけに、大幅なエネルギー政策の見直しが行われました。

2015年9月の国連サミットでは「SDGs」が採択されました。21世紀に生きる私たちは、エネルギー消費による環境への影響を理解し、持続的な社会を築いていく責任があります。

■ エネルギー利用による環境への影響

(1) 自然環境への影響

さまざまなエネルギーを自然から採取する必要があり、一次エネルギーを採取する段階で自然生態系や景観への影響が懸念されます。

例えば、米国等では、**シェールオイル・シェールガス**の採掘において、化学物質を含む大量の水を地下に送り込むため水質汚染が発生しています。

一次エネルギーの輸送では、アラスカで起きた「**エクソン・バルディーズ号原油流出事故**」や、島根県沖で起きた

🖉 ロンドンスモッグ事件
公害の歴史上有名な事件。1952年の12月5日から9日にかけて、英国の首都ロンドンは「スモッグ」に覆われ、滞留して呼吸困難、チアノーゼ、発熱などを呈する人が多発し、この期間の死亡者数は約4,000人。その後の数週間でさらに8,000人が死亡し、合計死者数は12,000人を超える大惨事となった。

🖉 一次エネルギー
自然界に存在するままの形でエネルギー源として、採取・利用されるもの。

具体例：石油、石炭、天然ガス、原子力、水力、地熱、バイオマス、太陽光・熱、風力など。

輸送方法：タンカー・タンクローリー・トラック（日本は多くをタンカーで輸入）

🖉 シェールオイル・シェールガス
頁岩（シェール）層に含まれる石油交じりの資源やガスのこと。2018年には米国は世界最大の産油国・産ガス国となった。

「ナホトカ号原油流出事故」、「メキシコ湾原油流出事故」で深刻な被害が発生しました。

(2) 地球温暖化への影響

現代社会において、人類が必要とするエネルギーの大部分は化石燃料から得られています。化石燃料を消費するとCO_2が発生するため、CO_2排出を抑えた利用方法を推進しながら、化石燃料に代わるエネルギー資源を確保する必要があります。天然ガスは、ほかの化石燃料に比べCO_2の排出が少ないですが、インフラを整備する必要があります。石炭については従来に比べCO_2や硫黄酸化物などの発生を抑えた「**石炭ガス化複合発電 (IGCC)**」が実用化されています。

さらに発電所や工場から排出されるCO_2を回収し、地中深くに閉じ込めて分離するCO_2回収・貯留 (CCS) 等の技術開発も進んでいます。

(3) 大気への影響

火力発電所で石炭や石油を燃焼すると**硫黄酸化物 (SOx)、窒素酸化物 (NOx)、粒子状物質、揮発性有機化合物 (VOC)** などを放出します。これらの化学物質は、ぜんそくなどの健康被害の原因となることがあります。大気中の窒素酸化物と炭化水素が紫外線により光化学反応を起こし、光化学スモッグを発生することもあります。

(4) 発電に伴うその他の環境影響

原子力発電では、事故が発生した場合に**放射性物質**の拡散などでの長期にわたる影響があり、また使用済み燃料の再処理に伴って発生する**放射性廃棄物**の課題があります。

火力・原子力・バイオマス発電では発電過程で熱が発生し、その熱は温水として海などに排出されます。この**温排水**は海水温を上昇させるため、生態系への影響が懸念されます。

📎 IGCC (Integrated coal Gasification Combined Cycle)
石炭をガス化して、ガスタービンと蒸気タービンの組み合わせによって発電するもの。従来型よりもCO_2排出量を約15％削減し、発電効率も高い。

📎 CCS (Carbon Capture and Storage)
化石燃料の燃焼などで発生するCO_2を大気に分散する前に分離・回収し、地中貯留や海洋の炭素吸収能力などを活用して大気からCO_2を隔離する技術のこと。

📎 光化学スモッグ
大気中の窒素酸化物や炭化水素が紫外線により光化学反応を起こして生じる光化学オキシダントという大気汚染物質により発生するスモッグ。刺激性が強く目やのどの痛みなどの健康被害が起こる。

風力発電では、**低周波空気振動**、**シャドーフリッカー**（光の明滅）、**バードストライク**などが発生しています。

大都市では**ヒートアイランド現象**が問題となっています。道路やビルからの輻射熱や、車の排気熱など、人工的な廃熱量が増加したことが原因です。

■ 日本のエネルギー政策の経緯

資源の9割以上を海外に頼る我が国は、省エネ政策のみならず、パリ協定採択後の世界情勢に向けエネルギーの脱炭素化に向けた挑戦をしていかなければなりません。

1970年代の2度の石油危機の経験を経て、省エネルギーの推進、石油代替エネルギーの導入、石油備蓄などによる石油の安定供給確保など、エネルギーの安定供給の確保のための政策を行ってきました。

2002年に成立したエネルギー政策基本法に基づき、国はエネルギー基本計画を策定することとなりました。2018年に閣議決定された第5次エネルギー基本計画では、安全性も重視する「3E＋S」を原則としたエネルギー需給の実現が不可欠であることが示されました。

・「3E＋S」
Economic Efficiency（経済効率性の向上）
Energy Security（安定供給の確保）
Environment（環境適合性）
＋
Security（安全性）

■ エネルギー政策と省エネルギー施策

エネルギーミックスとは、エネルギーの多様化とそれぞれの特性に合わせて利用する考え方のことです。

2030年度におけるエネルギー需給の見通し（エネルギーミックス）は次のグラフの通りです。2019年の化石燃料依存度は76％、2030年では41％と計画されています。

再生可能エネルギーの**固定価格買取制度（FIT）**とは、

低周波振動、シャドーフリッカーによる近隣住民の健康被害が懸念されています。

🖉 **ヒートアイランド現象**
都市の中心部の気温を等温線で表すと郊外に比べ、島のように高くなることから名づけられた。

🖉 **日本のエネルギー消費**
2020年度における日本の全エネルギー消費のうち45.6％を産業部門が占め、第三次産業を含む業務部門は16.3％である。家庭部門は15.6％であり、消費するエネルギーの約半分が電気、約3分の1がガス、残りが石油である。運輸部門は、乗用車やバスなどの旅客部門と、陸運や海運、航空貨物などで、ほとんどが石油である。

再生可能エネルギーを用いて発電した電気を、電力会社が一定価格・一定期間で買い取ることを国が約束する制度です。導入コストが高い再生可能エネルギーの普及を支える制度となっています。

　トップランナー制度とは、さまざまな製品の省エネ性能をカタログに表示することを義務化し、トップランナー（現在、商品化されている製品のうち、最も省エネ性能が優れている機器のこと）を明らかにし、お互いの競争を促すことによって、社会全体の省エネを実現しようとする方式のことです。対象となる機器や建材の製造事業者は、目標となる省エネ基準（機器・建材トップランナー基準）を、トップランナーの性能以上に設定することとしています。対象は、家庭のエネルギーの約7割を消費する32品目となっています。

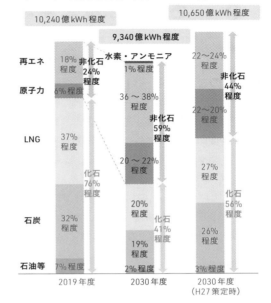

● 2030年度におけるエネルギー需給の見通し
（2021年10月経済産業省　資源エネルギー省）

出典：令和3年10月資源エネルギー庁『2030年度におけるエネルギー需給の見通し』

問題　**次の文章の（　）にあてはまる語句は何か。**

1 自然界に存在するままの形でエネルギー源として、採取・利用されるものを（　ア　）という。

2 エネルギー政策の基本は（　イ　）である。

3 （　ウ　）はエネルギー消費機器の省エネ性能を競い合っていく仕組みである。

答え
1 ア：一次エネルギー
2 イ：3E＋S
3 ウ：トップランナー制度

6 さまざまなエネルギー

頻出度 ★★★

7エネルギー

■ 日本のエネルギー自給率

　日本は化石燃料のほとんどを輸入に頼っており、エネルギー需給率は諸外国と比べて低い水準となっています。2020年度の一次エネルギー供給の化石燃料依存率は約85％と高く、内訳は石炭25％、石油36％、天然ガス24％となっています。

　2020年度の電源構成は、石炭31.0％、LNG（液化天然ガス）39.0％、石油等6.3％、水力7.8％、新エネ等12.0％、原子力3.9％となりました。

最も多いのはLNG（液化天然ガス）です。

● 発電電力量の推移

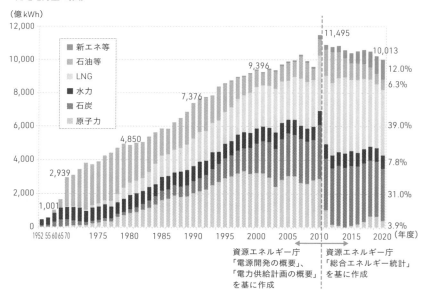

出典：資源エネルギー庁『令和3年度エネルギー白書』

■ さまざまなエネルギー供給源

● 化石燃料

・石炭

火力発電、鉄鋼・セメント生産や紙パルプ産業の燃料。最も低コストの燃料ではあるが、<u>単位エネルギー当たりのCO_2排出量や大気汚染物質の排出が多い。</u>

・石油

ガソリン、軽油、重油等蒸発温度の違いによって分離・精製される。輸送や取り扱いが容易。**輸送・暖房・産業用**が主で火力発電に使用される割合は小さい。

・天然ガス

火力発電と都市ガスとして産業・民生用に使用。天然ガスは、燃焼に伴う大気汚染物質の発生が少なく、<u>CO_2排出量も石炭の半分、石油の4分の3。</u>

・シェールオイル・シェールガス

地下深くにある**頁岩（シェール）**と呼ばれる固い泥岩層の中に閉じこめられた原油とガス。主な資源保有国は米国、ロシア、アルゼンチンなど。

● 原子力発電

核分裂時に発生する熱で自ら高圧蒸気を作り、発電する。<u>発電時にCO_2を発生させないが、使用済み核燃料、再処理、放射性廃棄物の処理・処分などの課題がある。</u>

● 再生可能エネルギー

<u>水力、地熱、太陽光、太陽熱、風力、バイオマスなどの自然エネルギーを利用する技術。枯渇せず永続的で発電時にCO_2をほとんど排出しない。</u>再生可能エネルギーで作った電気のことを、**グリーン電力**という。

エネルギーの種類について理解しておきましょう。

シェールオイル・シェールガスは2000年代後半から生産量が急増しました。米国は、2018年には世界最大の産油国・産ガス国になりました。

<再生可能エネルギーの長所>
① 枯渇しない。
② 多くを国内で供給できる。
③ 発電時に CO_2 を増加させない。
④ 分散型エネルギーシステム（エネルギーの地産地消）に適している。

<再生可能エネルギーの短所>
① 太陽光発電や風力発電は発電量が気象条件に左右される。
② これらの電源の大量導入には、送配電網の整備、蓄電池の導入などインフラ整備が必要（電力系統安定化）。

■ 主な再生可能エネルギーの状況
●太陽光発電
　日本における太陽光発電は、2000年頃までは世界最大の導入量でしたが、2020年時点では、中国、アメリカに次ぐ世界第3位となっています。

●風力発電
　新エネルギーの中では比較的発電コストが低く、風況に恵まれた北海道、東北、九州を中心に大規模なウインドファームの建設が進んでいます。しかし風力資源が偏在しているため、電力大消費地への送電が課題となっています。日本は海に囲まれているため、洋上風力発電の導入が期待されています。

●バイオマスエネルギー
　バイオマスエネルギーとは、化石資源を除く動植物に由来する有機物で、エネルギー源として利用できるものを指します。カーボンニュートラルの考え方から CO_2 を排出しないものとして扱われています。
　輸送用としてのバイオ燃料には、バイオエタノールやバイオディーゼルなどがあります。

✍ カーボンニュートラル
理論上は半永久的に無尽蔵なエネルギー。化石燃料を利用せず植物資源から生産されるため燃焼により発生する二酸化炭素は排出量としてカウントされない。植物の成長過程で光合成により吸収した大気中の二酸化炭素のため、再び大気に放出されても大気中の二酸化炭素の総量は変化しないとの考えによる。

✍ ウインドファーム
複数の風力発電機を集中的に設置した大規模発電施設。

✍ バイオエタノール
産業資源としてのバイオマスの一つ。サトウキビや大麦、トウモロコシなどの植物資源からグルコースなどを発酵させて作られたエタノールのこと。

●水力発電

水資源に恵まれた日本において、水力発電は貴重なエネルギー源です。自然条件によらず安定的に電力を供給できる特長があり、大きなダムなどの大規模水力発電だけでなく、今後は小水力発電の開発や活用が重要となります。

●地熱発電

地熱発電は地下の地熱エネルギーを使うため、化石燃料のように枯渇の心配がありません。発電に使った高温の蒸気や熱水は、農業用ハウスや地域の暖房などに再利用することができます。地熱発電所の性格上、立地地区は国立公園や温泉などの施設がある地域と重なるため、地元関係者との調整が不可欠です。

地熱流体の温度が低く、十分な蒸気が得られない時などに、温泉水などによって沸点の低い媒体を加熱し、その蒸気でタービンを回す**バイナリー発電**も、地産地消のエネルギー源として期待されています。

小水力発電では、河川の流水のほか、農業用水や上下水道を利用する場合もあります。

問題　**次の文章の（　）にあてはまる語句は何か。**

■1 （ ア ）には太陽光、風力、バイオマスなどがある。

■2 2000年代後半から生産量が急増した、地中深くの頁岩から産出されるガスを（ イ ）という。

■3 バイオマスは、ライフサイクル全体で見ると大気中の（ ウ ）を増加させない。この性質を（ エ ）という。

■4 2020年時点での日本の太陽光発電量は、世界第（ オ ）位である。

答え

■1 ア：再生可能エネルギー
■2 イ：シェールガス
■3 ウ：二酸化炭素　エ：カーボンニュートラル
■4 オ：3

7 省エネルギー対策と技術

頻出度 ★★★

7 エネルギー　9 産業革新

■ 省エネルギー技術

省エネルギーを推進するための技術には以下のようなものがあります。

① インバーター

インバーターは、<u>直流電力を任意の周波数の交流電力に変える装置</u>です。家電製品のモーター回転数を制御し、<u>エアコンや冷蔵庫などの温度調整や洗濯機の回転数</u>をきめ細かく制御することができる、省エネの代表的技術です。

② ヒートポンプ

ヒートポンプは、気体を圧縮すると<u>温度が上昇</u>し、膨張させると<u>温度が下がる</u>原理を利用して熱を移動させる技術です。エアコン、冷蔵庫、家庭用給湯器などにこの技術が使われています。

③ コージェネレーション

コージェネレーションは、都市ガス、LPG、重油などを燃料として発電した際に発生する<u>排熱を給湯や冷暖房などに使用するシステム</u>です。火力発電のエネルギー効率が40％程度なのに対し、コージェネレーションでは排熱利用を含め75 ～ 80％に達するほどの高効率利用が可能です。省エネルギーやCO_2削減などの温暖化対策として有望な技術です。

④ 燃料電池

燃料電池は、都市ガスなどから得られた<u>水素と空気中の酸素とを電気化学反応させ、直接電気を発生させる発電装置</u>です。産業用、自動車用、家庭用で技術開発が進んでいます。

⑤ ESCO（Energy Service Company）事業

ビルや工場の省エネに必要な設備、技術、人材、資金などを ESCO 事業者が包括的に提供し、実現した省エネ効

省エネルギー技術の内容について試験で問われることがあります。整理して覚えておきましょう！

📎 エネルギー効率
投入したエネルギーから正味でどれくらいの電気と熱が回収されるかを表す。

果の一部を報酬として受け取る、成功報酬型の事業です。

⑥ ZEH（ゼッチ）、ZEB（ゼブ）

ZEH は「net Zero Energy House」、ZEB は「net Zero Energy Building」の略語で、年間のエネルギー収支を実質ゼロ以下にする住宅やビルのことです。建物全体の断熱性や設備の効率化を高めることでエネルギー消費量を減らし、かつ太陽光発電などの再生可能エネルギーを導入することで実現をめざします。

⑦ スマートグリッド、スマートコミュニティ

スマートメーターなどの通信機能を活用し、電力の需要と供給をリアルタイムで管理し、消費者の需要に合わせた電力の使用方法の提案を可能にした次世代電力網のことです。

✐スマートコミュニティ
スマートグリッドや再生可能エネルギー、バイオマスなどのエネルギーの利用・活用だけでなく、水や交通、建築物、公園などのインフラ、行政サービスなどを複合的に統合した次世代エネルギー・社会システムの概念。

問題 **次の文章の（　）にあてはまる語句は何か。**

1 インバーターとは、直流を交流に変え、その電力の（　ア　）を変えることで家電製品などのモーターの回転数を制御する省エネ技術である。

2 気体を圧縮すると温度が上昇、膨張させると温度が下がる原理を利用し、熱を移動させる技術を（　イ　）という。

3 コージェネレーションシステムとは、都市ガスやLPGなどを燃料にして発電を行い、発生する（　ウ　）を利用し、温水や蒸気をつくり、給湯や冷暖房などに使用するシステムである。

4 建物全体の断熱性や設備の効率化を高めることで省エネ性能を向上させ、かつ太陽光発電などの再生可能エネルギーを導入することで年間のエネルギー収支を実質ゼロ以下にする住宅のことを（　エ　）という。

 答え
1 ア：周波数
2 イ：ヒートポンプ
3 ウ：排熱
4 エ：ZEH

8 生物多様性の重要性

頻出度 ★★☆

14 海洋資源　15 陸上資源

■生物多様性とは

生物多様性とは、あらゆる生物種の多様さ、生態系や自然環境のバランスのとれた豊かさを表した概念です。この概念が示す多様性には、現在地球上には1,000万種以上とされる生物種が存在しますが、こうした「種の多様性」だけではなく、同じ種であっても異なる個性を生む「遺伝子の多様性」、さまざまな生物がかかわる「生態系の多様性」の3つの多様性があります。

それぞれの多様性の内容を答えられるようにしておきましょう！

- 種の多様性
  動植物から細菌などの微生物に至るまで、いろいろな生物がいる。知られているものだけで175万種。知られていない生物も含めると3,000万種と推定されている。

- 遺伝子の多様性
  同じ種でも異なる遺伝子を持つことにより、形や模様、生態などの違い・個性がある。

- 生態系の多様性
  森林、里地里山、河川、湿原、サンゴ礁など、いろいろな自然、環境がある。

■生態系サービス（Ecosystem Service）

清浄な大気や水、食料や住居・生活資材など、人間は自然や生態系から「恩恵」を受けています。国連環境計画（UNEP）によって2001年から5年間かけて実施された**ミレニアム生態系評価**では、これらの「恩恵」のことを**生態系サービス**とし、次の4種類に分類しています。

✍ミレニアム生態系評価
この評価の目的は、生態系の変化が人間生活に与える影響を評価すること、および「生態系の保全」・「持続的利用」・「生態系保全と持続的利用による人間生活の向上」に必要な選択肢を科学的に示すこと。

① 供給サービス …… 生態系が生産する物質やエネルギー（食糧・水・木材など）
② 調整サービス …… 生態系の仕組みによりもたらされる利益（水質浄化・気候緩和・洪水予防など）
③ 文化的サービス …… 生態系から得られる文化的・精神的な利益（レクリエーション・想像力・教育）、自然景観等審美的価値
④ 基盤サービス …… 生態系サービスを支える基本機能のこと（土壌形成、栄養塩循環、光合成による酸素の供給など）

● 生態系サービスの分類

供給サービス	調整サービス	文化的サービス
基盤サービス		

《 COLUMN 》

バイオミメティクス（バイオミミクリー・生物模倣）

「バイオ」は生物、「ミメティクス」「ミミクリー」は真似をすることを意味します。バイオミメティクスは、生物の真似をして最先端の科学技術を開発することです。
・カワセミのくちばしを模した先端を持つ新幹線
・フクロウの羽を模して騒音を低減したパンタグラフ
・野生ゴボウの実からマジックテープ　　など

問題　次の文章の（　）にあてはまる語句は何か。

1 生物多様性には、種の多様性だけではなく、同じ種であっても異なる個性を生む（ ア ）や、さまざまな生物が関わる（ イ ）がある。

2 生態系サービスとは、「（ ウ ）」「調整サービス」「文化的サービス」「基盤サービス」をいう。

答え
1 ア：遺伝子の多様性　イ：生態系の多様性
2 ウ：供給サービス

9

頻出度
★★☆

生物多様性の危機

14 海洋資源　15 陸上資源

■野生生物種減少の現状

2021年現在確認されている野生生物種は約 **175万種** 程度です。しかし、IUCNの**レッドリスト**では、約15万種（14万7,517種）について評価されており、そのうち**4万48種が絶滅危惧種**として選定されています。また、982種が絶滅または野生絶滅となっています。

- レッドリスト
  国際自然保護連合（IUCN）が作成する絶滅の恐れのある野生生物の一覧表で、種名や絶滅の危険度などを記載。
- レッドデータブック
  レッドリスト等に基づいて、その生物の生活史や分布などより詳細なデータを記載。

■野生生物種減少の原因

野生生物種の減少の原因として、以下のものがあります。さまざまな人間活動が直接的・間接的に影響を及ぼしていることがわかります。

① 生息地の損失・劣化（開発や森林破壊など）
② 乱獲・過剰摂取（食用、観賞用、商業利用など）
③ 過剰な栄養素の蓄積による汚染（水質汚濁など）
④ 気候変動
⑤ 外来種の侵入

野生生物種の減少が最も進行しているのは、アフリカ、中南米、東南アジアの熱帯林地域です。これらの地域では、焼畑移動耕作による森林の減少、過剰な薪炭材の採取、過剰な放牧などが行われ、野生生物種の減少の直接の原

📖 **絶滅危惧種**
絶滅危惧種は、危険性が高い順に「深刻な危機」、「危機」「危急」の3段階に分けられる。

2020年に絶滅危惧種に指定されたマツタケは、3番目のランクになりました。6年前に指定されたニホンウナギは、再評価され2番目のランクになりました。

因となっています。この原因の背景には、貧困、内戦などによる社会制度の崩壊・不安定による政策や制度の不備、人口の急増など、社会的・経済的な要因があります。

象牙や毛皮の採取、密猟も野生動物を絶滅へ追い込む原因となります。

■生物多様性の危機構造

日本の生物多様性は次の4つの危機にさらされています。

第1の危機：開発等人間活動による危機
第2の危機：自然に対する働きかけの縮小による危機
第3の危機：外来種など人間により持ち込まれたものによる危機
第4の危機：地球温暖化や海洋酸性化など地球環境変化による危機

■多様性のモニタリング

環境省は、高山帯、森林、里地里山、サンゴ礁など、さまざまな種類の生態系の変化状況を調査する**モニタリングサイト1000**というプロジェクトを行っています。また「**緑の国勢調査**」と呼ばれる、国土全体における自然環境の現状と変化を把握するための自然環境保全基礎調査も行われています。

問題 次の文章の（　）にあてはまる語句は何か。

1 現在確認されている野生生物種は約（　ア　）万種程度で、そのうち約（　イ　）万種がIUCNのレッドリストで評価されている。

2 マツタケとニホンウナギはどちらも絶滅危惧種であるとIUCNに指定されたが、絶滅の危険性のランクは（　ウ　）のほうが高い。

3 自然環境保全基礎調査は（　エ　）とも呼ばれ、国土全体における自然環境の現状と変化について調査を行っている。

答え
1 ア：175　イ：15
2 ウ：ニホンウナギ
3 エ：緑の国勢調査

10 生物多様性に対する国際的な取り組み

頻出度 ★★☆

13 気候変動　14 海洋資源　15 陸上資源　17 実施手段

■ 国際協力の枠組み

生物多様性保全に対する国際的な枠組みには以下のようにさまざまなものがあります。

(1) ラムサール条約

水鳥の生息地等として国際的に重要な湿地を保全することを目的とした条約。各締約国がその領域内にある国際的に重要な湿地を指定し、保護することを定めている。1975年に発効。

日本は1980年に加入しており、現在までに登録した条約湿地は北海道の釧路湿原、滋賀県の琵琶湖など53ヶ所 (2023年8月現在) です。

(2) ワシントン条約

絶滅のおそれのある野生動植物の国際取引に関する条約。経済的な価値のある動植物が商取引の対象となる場合に乱獲につながるという点に着目して、約3万種の野生生物の国際取引を規制し、その保護を図ろうとした条約。1975年に発効。

(3) 世界遺産条約

世界の文化遺産及び自然遺産の保護に関する条約。世界遺産には、「文化遺産」「自然遺産」「複合遺産」がある。

2022年6月現在、日本には、複合遺産はない。文化遺産20件、自然遺産5件 (屋久島、白神山地、知床、小笠原諸島、奄美大島・徳之島・沖縄島北部および西表島)。合計25件。

2021年7月に奄美大島・徳之島・沖縄島北部および西表島が登録されました。

(4) 生物多様性条約

世界の生物の種や生息地を守り、生物資源の持続的な利用、利益の公平な配分を行うための条約。1992年の地球サミットで157カ国が署名、1993年12月に発効。2022年末現在、日本を含む192カ国と欧州連合 (EU) が締結

しているが、米国は入っていない。生物多様性に関する締約国会議（COP）は2年に一度のペースで開催。

（5）カルタヘナ議定書

バイオテクノロジー技術の進展によって、生物の遺伝子を人為的に組み換え、医薬品や病害虫に強い農作物の開発などが盛んになってきた。しかし、その一方で、食品としての安全性や、野生種との競合・交雑による生物多様性への影響などが課題となってきた。1999年、コロンビアのカルタヘナで開催された生物多様性条約特別締約国会議で、遺伝子組み換え生物の輸出入などに関する手続きなどを定めた議定書の内容が討議され、翌2000年に再開された会議で採択された。日本では2004年にカルタヘナ法が施行された。

（6）その他の取り組み

●ユネスコエコパーク：

生物圏保存地域（BR：Biosphere Reserves）は、「ユネスコ人間と生物圏計画」の一環として、豊かな生態系を有し、地域の自然資源を活用した持続可能な経済活動を進めるモデル地域。生物多様性の保護や自然と人間社会の共生を目的としている。日本では、ユネスコエコパークの通称。

●ユネスコ世界ジオパーク：

国際的に重要な地質学的遺産を、地域社会の持続可能な発展に活用している地域を認定するもの。

●世界農業遺産：

世界的に重要で伝統的な農林水産業を営む地域。国連食糧農業機関（FAO）が認定する。日本では「トキと共生する佐渡の里山」「能登の草原・里海」「盆地に適応した山梨の複合的果樹システム」など13地域が認定されている（2023年2月現在）。

■「生物多様性条約第10回締約国会議（COP10）

　2010年10月、愛知県名古屋市で179の締約国・地域（EU）、NGOなどが参加し、**生物多様性条約第10回締約国会議（COP10）**が開催され、以下の合意・採択がされました。

- 愛知目標（2011～2020年）
  少なくとも陸地の17%、海域の10%を保護地域として保全するなど、生物多様性の保全のために2010年以降に締約国が取り組むべき目標。

- 名古屋議定書
  遺伝資源利用の薬品や食品等への成果についての原産国への公平な利益分配（ABS：Access and Benefit Sharing）に関する取り決め。

- SATOYAMAイニシアティブ
  日本の里地里山のように、地産地消などの持続可能なライフスタイルを推進し自然環境の維持・再構築を通じ共生社会実現を目指す国際的な取り組み。日本が提案したもの。

■生物多様性条約第15回締約国会議（COP15）

　2022年12月7日～19日にカナダ・モントリオールで開催されたCOP15では、2030年までの世界目標として「陸と海の30%保全（**30by30**）」（目標3）や、「環境への栄養分流出を半減、農薬リスクを半減」（目標7）、「食料廃棄を半減する」（目標16）のように、数値目標に加え、企業への要請が多く盛り込まれました。

📎 ABS
遺伝資源へのアクセスと利益配分（Access and Benefit-Sharing）

《 COLUMN 》

COP15でやっと決まった世界目標

生物多様性条約第15回締約国会議（COP15）において、2030年までの生物多様性の世界目標（GBF：Global Biodiversity Framework）が採択されました。これは、2020年までの目標だった愛知目標の次の目標となるもので、本来であれば2020年に決まるはずでしたが、コロナ禍のためにCOP15の開催が何度も延期となり、結局2年以上遅れて何とか開催にこぎ着け、そして世界目標もようやく決まったのです。

問 題　**次の文章の（　）にあてはまる語句は何か。**

1 遺伝子組み換え生物の輸出入などに関する手続きなどを定めた（ ア ）は、2000年の生物多様性条約特別締約国会議で採択された。

2 生物多様性条約は、絶滅の恐れにある野生動物の保護を目的にしたワシントン条約や、水鳥の生息地の保護を対象とした（ イ ）条約を補完し、生物多様性の包括的な保全と持続可能な利用を推進するためにある。

3 伝統的な農業の保存と、生物多様性の保全を目的に国際連合食糧農業機関（FAO）が認定する（ ウ ）に、2011年「トキと共生する佐渡の里山」「能登の草原・里海」が登録された。

4 名古屋COP10で日本の里山里地のような持続可能な社会の実現を目指した（ エ ）と、法的根拠を持ったABSの新たな枠組みとなる（ オ ）が合意された。

1 ア：カルタヘナ議定書
2 イ：ラムサール
3 ウ：世界農業遺産
4 エ：SATOYAMAイニシアティブ　オ：名古屋議定書

11
頻出度 ★★☆

生物多様性の主流化と
国内の取り組み

8経済成長 11まちづくり 14海洋資源 15陸上資源 17実施手段

■ 生物多様性の経済価値評価

2021年、自然資本が経済活動の基盤であるという**ダスグプタレビュー**が公開されました。企業レベルでの国際的な動きとして、財務情報の中に、自然資本・生物多様性に関する情報開示を求める**自然関連財務情報開示タスクフォース（TNFD）**などの仕組みの構築が急速に進んでいます。

■ 国内の生物多様性の取り組み
● 生態系ネットワーク

自然環境の質的向上を目指すグランドデザインとして、**ビオトープ**や**エコロジカルネットワーク**などがあります。

● 種の保存法

絶滅のおそれのある野生動植物の種の国際取引に関する条約（ワシントン条約）を国内法に適用したもの。この法律では、国際取引規制だけではなく、国内の希少野生動植物の保護・増殖も進めています。2022年1月現在、427種が指定されています。

● 外来生物法

外来生物とは、もともとその地域にいなかったのに、人間活動によってほかの地域から入ってきた生物のこと。日本の外来生物の数は、2,000種を超えています。これら外来生物による生態系への被害を防止するために外来生物法が施行されました。

● エコツーリズム

自然環境や歴史文化を対象として、それらを体験し学

📝 **ダスグプタレビュー**
ケンブリッジ大学の名誉教授（パーサ・ダスグプタ）の報告書であり、自然資本へのダメージを考慮した基準や情報開示の枠組みを提唱。

📝 **自然関連財務情報開示タスクフォース（TNFD：Task Force for Nature-related Financial Disclosures）**
企業の自然への依存度と影響（インパクト）を把握・測定して開示する枠組みを決めるタスクフォース。企業が事業活動と生物多様性の関係について投資家などに情報を開示する際の国際的なデファクトスタンダードになるだろうと期待されているもの。

📝 **ビオトープ**
森林、湖沼、湿地、岩場、砂地など生態系が保たれている生息空間のこと。ドイツ語の生物「ビオ」と場所「トープ」からできた造語。

📝 **エコロジカルネットワーク**
野生生物の生息地を、森林、緑地、水辺等で連絡することで生物の生息空間を広げ、多様性の保全を図るもの。生態系のネットワーク（緑の回廊）ともいう。

ぶとともに、対象となる地域の自然環境や歴史文化の保全に責任を持つ観光のあり方を**エコツーリズム**といいます。エコツーリズムの効果として次のものがあります。

- 自然環境/文化資源の価値が維持され、保全される
- 新たな観光需要が期待できる
- 雇用の確保など経済波及効果と地域振興が図られる

エコツーリズム推進法は、エコツーリズムを通じた、自然環境の保全、観光振興、地域振興、環境教育の推進を図るものです。この考えを実践するための旅行は、**エコツアー**と呼ばれています。農地や里山に滞在して、休暇を過ごす都市農村交流のグリーンツーリズム、アグリツーリズムなどがあります。

●里地里山

集落を取り巻く二次林と人工林、それらと混在する農地、溜池、草原などで構成される地域で、原生的な自然と都市との中間に位置します。

人口の減少、高齢化の進行、産業構造の変化などで、里山林や野草地などの利用を通じた自然環境の循環が少なくなってきており、生物多様性の劣化が懸念されています。シカやイノシシなど野生鳥獣による農作物被害額が2020年度には161億円といわれています。またこれら鳥獣を利用したジビエの食肉料理も急激に展開されています。その普及に当たり、2020年6月に食品衛生法が改正され、HACCPによる衛生管理を義務づけています。

●自然環境保全

地球温暖化、酸性雨、森林破壊と自然を取り巻く環境は悪化しています。わたしたちの周りも多くの自然が失われつつあります。そこで、自然環境の保全・再生に向けた以下の取り組みが進められています。

📝**ブルーツーリズム**
都市と漁村の共生・対流を図り、漁村での体験活動や自然の中での遊びを通じ、水産業及び、漁村に対する理解を深めるもの。

📝**二次林**
もともとあった森林が自然災害や伐採などによって失われ、その後自然再生した森林のこと。

① 自然環境保全地域の指定
② 自然公園の指定
③ 自然再生の推進

　自然環境保全地域は、自然環境保全法および都道府県条例に基づいて指定された地域です。指定地域には、**原生自然環境保全地域**（全国 5 地域）、**自然環境保全地域**（全国 10 地域）、**沖合海底自然環境保全地域**（全国 4 地域）、**都道府県自然環境保全地域**（546 地域、2022 年 3 月現在）があります。
　優れた景観をもつ風景地は、自然公園法および都道府県条例に基づいて国立公園、国定公園、都道府県立自然公園に指定されます。

・国立公園
　日本を代表する優れた自然の風景地として、自然公園法に基づいて環境大臣が指定するもの。国が管理を行う。

・国定公園
　国立公園に準じる自然の風景地として自然公園法に基づき環境大臣が指定するもの。都道府県が管理を行う。

・都道府県立自然公園
　国立、国定公園に次ぐ自然の風景地で、当該都道府県を代表するもの。都道府県が条例によって指定し、自ら管理を行う。

●30by30 ロードマップ
　30by30（サーティ・バイ・サーティ）とは、2030 年までに生物多様性の損失を食い止め、陸と海の 30％以上を健全な生態系として効果的に保全しようとする目標のことです。2021 年にイギリスのコーンウォールで開催された G7 サミットでは、「G7 2030 年 自然協約」が採択され、G7 各国は「30by30 目標」に合意しました。

自然公園の指定
自然公園法及び都道府県条例に基づいて指定。国立公園、国定公園、都道府県立自然公園に分かれている。

原生自然環境保全地域
人の活動の影響を受けることなく原生の状態を維持している地域。

自然環境保全地域
優れた自然環境を維持している地域。

沖合海底自然環境保全地域
優れた海底の自然環境を維持している地域。

都道府県自然環境保全地域
自然環境保全地域に準ずる自然環境を維持している地域。

　民間の取組等によって生物多様性の保全が図られていて、国が認定する区域のことを**自然共生サイト**といいます。認定区域は、保護地域との重複を除き、OECMとして国際データベースに登録されます。日本政府の取り組みとして**OECM登録**を推進するため、2023年から**自然共生サイト**の認定制度を運用することが**30by30ロードマップ**で掲げられています。

《 COLUMN 》

国際条約と国内法の関係

国際条約を、そのまま日本国内法にすることは簡単ではありません。ほかの国内法との整合性を保たねばならず、さらに詳細な細目に関わる法律や罰則などを決め、実施が可能なように行政諸施策として整備しなければなりません。さらに国会承認を得なければ実効可能な法律とならず、条約の拘束力も発揮できません。

実際の例としては、ワシントン条約（絶滅のおそれのある野生動植物の種の国際取引に関する条約）は、「絶滅のおそれのある野生動植物の種の保存に関する法律（種の保存法）」として制定されました。

問題　　**次の文章の（　）にあてはまる語句は何か。**

1 動植物が生息しやすい、森林、湖沼、湿地など生態系が保たれている生息空間のことを（　ア　）という。

2 （　イ　）は、農村、里山、漁村での自然、文化、人々との交流を楽しむ活動。

3 （　ウ　）は、エコツーリズムを推進するための枠組みを定めた法律である。

4 （　エ　）は、原生自然環境保全地域や自然環境保全地域等を定めている法律である。

5 2021年のG7コーンウォールサミットでは、（　オ　）が採択され、各国は（　カ　）に合意した。

答え
1 ア：ビオトープ　　　　**2** イ：エコツーリズム
3 ウ：エコツーリズム推進法　　**4** エ：自然環境保全法
5 オ：2030年自然協約　　カ：30by30目標

12 オゾン層保護とフロン排出抑制

頻出度
★★☆

12 生産と消費 13 気候変動 17 実施手段

■ オゾン層の破壊とフロン

オゾンは大気の上層部にある**成層圏**（約10数km～50km）に多く存在し、太陽光に含まれる有害な**紫外線**を吸収することによって地球上の生物を守る働きをしています。

オゾン層の破壊は1970年代に始まりました。スプレー缶や冷蔵庫、発泡断熱材、エアコンなどでよく使われているクロロフルオロカーボン（**フロンガス**、CFC）が、オゾン層を侵食しているとされました。特に、湿度の高い極地成層圏でフロンによるオゾン層の破壊が進んでいます。

オゾンが破壊されたところ（オゾンホール）から有害な<u>紫外線（UV-B）</u>が入ってくるようになると<u>DNAを傷つけ、皮膚がんや白内障</u>など人体への影響、動植物への影響が懸念されています。

🖉 **フロンガス**
「特定フロン」とも呼ばれる。紫外線により分解されるとオゾン層を破壊する塩素原子が放出される。以前は冷蔵庫・エアコンなどの冷媒、半導体などの洗浄などに使用された。現在はすべて代替フロンに切り替えられている。

● オゾン層の破壊

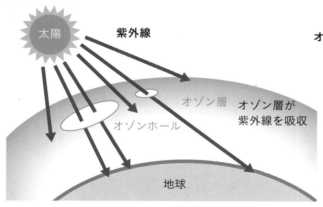

太陽　紫外線
オゾン層
オゾンホール
オゾン層が紫外線を吸収
地球

オゾン層破壊の影響

- 皮膚がんや白内障
- 免疫機能の低下
- 生態系や農作物への影響

オゾン層の保護のために、1985年に**ウィーン条約**、1987年に**モントリオール議定書**が採択され、先進国では特定フロン（CFC、HCFC）の生産を全廃し、破壊性のない代替フロン（HFC）への転換が進められてきました。しかしHFCはオゾン層を破壊しないものの、CO_2の100倍から1万倍もの大きな温室効果があります。2016年、モントリオール議定書はHFCへの規制も追加するように改定されました。

これにより、二酸化炭素や炭化水素などの自然冷媒に切り替えが進められています。

🖉**ウィーン条約**
正式名称は「オゾン層保護のためのウィーン条約」。1988年発効。日本は1988年に加入し、特定フロンの全廃を決めた。

🖉**モントリオール議定書**
正式名称は「オゾン層を破壊する物質に関するモントリオール議定書」。ウィーン条約に基づき、オゾン層破壊物質（特定フロン、ハロン、四塩化炭素など）を指定し、これらの物質を規制した。

■2066年ごろにはすべて回復か

国連環境計画（UNEP）、アメリカ、欧州連合（EU）の関係機関が共同で発表した報告書（2023年1月）では、モントリオール議定書が期待通りの効果を上げているとしています。

南極上空では2066年ごろまでに、破壊が確認される前の1980年のレベルに回復するとの予測を発表しました。北極では2045年ごろ、その他の地域でも2040年ごろまでにオゾン層が回復すると見込んでいます。オゾン層保護は、地球環境問題の中では、最も効果を上げている取組みといわれています。

問題 **次の文章が正しいか誤りか答えよ。**

1 オゾンは熱圏（約10数km～50km）に多く存在し、太陽光に含まれる有害な赤外線を吸収することによって地球上の生物を守る働きをしている。

2 「モントリオール議定書」でCFC4種類を2000年に50%削減、「ウィーン条約」でCFC10種類を2000年に全廃することとした。

 答え
1 ×：熱圏➡成層圏、赤外線➡紫外線
2 ×：「モントリオール議定書」と「ウィーン条約」が逆

13 水資源や海洋環境に関する問題

頻出度 ★★★

6 水・衛生 | 12 生産と消費 | 14 海洋資源 | 17 実施手段

■ 水資源の現状

　海洋は、地球表面の約71%を占めています。残り29%が陸地です。地球上の水の約97.5%が海水、残りの2.5%が淡水とされていますが、淡水の大部分は極地の氷河や万年雪、深層地下水として貯蔵されています。そのため人間を含む生物が水資源として利用できる水（**水資源賦存量**）はごくわずかです。

水資源賦存
水資源として、理論上人間が最大限利用可能な水の量。降水量から蒸発散によって失われる量を差し引いて計算される。

■ ウォーターフットプリント（water footprint）

　ある製品やサービスのライフサイクル（原材料の栽培、生産、製造・加工、輸送・流通、消費、廃棄）で使われた水の総量を表したものを**ウォーターフットプリント**といいます。ユネスコ（国連教育科学文化機関）が提唱したもので、食料の輸出入が各国の水資源の増減にどれだけ影響を与えるかを示す指標として注目されています。

- 世界平均：1,387m^3/人/年（約90%が農業）
- 北米：2,798m^3/人/年
- アジア太平洋地区：1,156m^3/人/年

■ バーチャルウォーター（仮想水）

　バーチャルウォーターとは、食料を輸入して消費している国において、もしその輸入食料を国内で生産するとしたら、どれくらいの水が必要とされるかを表したものです。例えば、1kgのトウモロコシを生産するには、灌漑用水として1,800リットルの水が必要です。また、牛はこうした穀物を大量に消費しながら育つため、牛肉1kgを生産するには、その約20,000倍もの水が必要とされています。つまり、日本は海外から食料を輸入することによって、その

生産に必要な分だけ自国の水を使わずに済んでいるのです。つまり、食料の輸入は、形を変えて水を輸入していると考えることができるのです。

■水資源問題

2020年時点で、世界の全人口の26％（20億人）が安全に管理された水を利用できず、全人口の46％（36億人）が安全に管理された衛生的なトイレを利用できていません。

■海洋プラスチックごみ問題

世界全体で年間数百万トンを超える量の海洋プラスチックごみが流出しており、問題となっています。海岸にごみが漂着して地域の居住環境や観光業に影響を及ぼします。また海洋生物への影響も深刻です。5mm以下の微細なプラスチックごみである**マイクロプラスチック**は、食物連鎖を通じて人間などへの影響も懸念されています。

国際的な取り組みとして、2019年に開催されたG20環境・エネルギー大臣会合において「G20海洋プラスチック対策実施枠組み」が合意され、同年開催のG20大阪サミットでは「大阪ブルーオーシャン・ビジョン」が合意されました。また、EUは特定プラスチック製品による環境負荷低減指令（2019年）を定め、2021年から使い捨てプラスチック製品を禁止としました。

日本はプラスチック資源循環戦略を策定し、基本方針に３R＋Renewableを掲げました。

SDGsの目標6は「安全な水とトイレを世界中に」です。

🔖 G20海洋プラスチック対策実施枠組み
「大阪ブルーオーシャン・ビジョン」の実現に向け、各国が対策について情報共有を行い、相互学習を通じ効果的な対策を実施することを促すための枠組みとして採択され、G20首脳に承認された。

🔖 大阪ブルーオーシャン・ビジョン
G20大阪サミットで、2050年までに海洋プラスチックごみによる追加的な汚染をゼロにまで削減することを目指すことを合意。

🔖 Renewable
再生可能資源への代替。

2020年7月から始まったレジ袋の有料化も、この問題の改善に寄与することが期待されています。

問題 　次の文章の（　）に当てはまる語句はなにか。

1 ある製品のライフサイクルに使われた水の総量の推計値を表したものを（　ア　）という。

2 2019年のG20大阪サミットでは、2050年までに海洋プラスチックごみによる追加的な汚染をゼロにまで削減することを目指す（　イ　）が共有された。

答え
1 ア：ウォーターフットプリント
2 イ：大阪ブルーオーシャン・ビジョン

14

頻出度
★★☆

酸性雨などの長距離越境移動
大気汚染問題

3 保健 **12 生産と消費** **13 気候変動** **15 陸上資源**

■ 長距離越境移動大気汚染とは

酸性雨は、石油や石炭などを燃やす際に発生する硫黄酸化物（SOx）や窒素酸化物（NOx）などの汚染物質が十分除去されず大気中に放出され、化学反応で硫酸や硝酸に変化し、雨や雪に溶け込んで地上に降ってくる現象をいいます。

近年は、窒素酸化物から生成される光化学オキシダントや、粒径が 2.5μm 以下の PM2.5、そして大陸の乾燥地帯から偏西風に乗って飛来する黄砂も問題になっています。これらの長距離越境移動大気汚染は境界がなく、被害が広範囲に及ぶため国際的な対応が必要です。

■ 酸性雨や黄砂の影響

酸性雨の影響として最も大きいものは湖沼での生物の生息環境の悪化と森林の衰退です。このほかに、建造物・金属製構造物・文化財等の溶解といった被害が酸性雨によりもたらされています。

黄砂の影響としては、浮遊粒子状物質による大気汚染、視界が悪くなることによる交通への影響、有害な物質の吸着などが懸念されています。発生源からの距離によってその被害の程度は異なり、日本では自動車や洗濯物の汚れに対する注意喚起にとどまることがほとんどですが、中国や韓国では黄砂による健康被害や家畜の被害が報告されています。

長距離越境移動大気汚染に対する国際的な取り組みとしては以下の通りです。東アジアでは、東アジア酸性雨モニタリングネットワーク（EANET）が定期的な観測と情報共有を行っています。

一般的に酸性雨はpH5.6以下の雨とされています。phが7よりも小さいほど酸性が強い、大きいほどアルカリ性が強いといいます。例えば、お醤油はph5ぐらい、ワインはph3ぐらいです。

◎ 光化学オキシダント
工場や自動車から排出された窒素酸化物や炭化水素が太陽光を受け、そこに含まれる紫外線によって化学反応を起こして生成される大気汚染物質。大量に発生すると目やのどの痛み、肺機能の低下などの障害が起こる。

◎ 東アジア酸性雨モニタリングネットワーク（EANET）
現在、中国、インドネシア、日本など13か国が参加。定期的なモニタリングと結果の報告を行っている。

● 酸性雨に関わる主な取り組み

地域	成立年		内容
ヨーロッパ	1979	長距離越境大気汚染条約	酸性雨調査実施を規定
	1985	ヘルシンキ議定書	SOx（硫黄酸化物）排出削減を目的に採択
	1988	ソフィア議定書	NOx（窒素酸化物）排出削減を目的に採択
東アジア	1998	東アジア酸性雨モニタリングネットワーク（EANET）	参加国による酸性雨観測と情報共有。2001年から本格稼働
日本	2001	自動車NOx・PM法	窒素酸化物や粒子状物質による大気汚染が著しい都市部での大気環境の改善を目指すための規制
	2004	大気汚染防止法改正	2006年から規制開始

問題　**次の文章の（　）に当てはまる語句はなにか。**

1　酸性雨とは、工場の排煙や自動車の排気などに含まれる（　ア　）や（　イ　）などが化学反応で硫酸・硝酸として雨や雪に溶け込んで地表に降ってきたものである。

2　酸性雨は通常pH（　ウ　）以下の雨といわれている。

3　汚染した大気中の窒素酸化物や炭化水素が紫外線により光化学反応を起こして生成される（　エ　）は、目やのどの痛み、肺機能の低下などの障害を引き起こす。

4　近年は、大陸の乾燥地帯から飛来する（　オ　）が問題となっており、洗濯物などへの汚れの付着や、視程障害による交通への影響などが懸念されている。

5　東アジアの13か国が参加する（　カ　）は、酸性雨の対策のため定期的なモニタリングと結果の報告を行っている。

6　日本では、自動車の排気ガスからの窒素化合物および粒子状物質を規制する（　キ　）が規定されている。

答え

1　ア：硫黄酸化物（SOx）　イ：窒素酸化物（NOx）
　　※アとイの順序は問わない。
2　ウ：5.6
3　エ：光化学オキシダント
4　オ：黄砂
5　カ：EANET
6　キ：自動車NOx・PM法

15 急速に進む森林破壊

頻出度 ★★★

12 生産と消費　13 気候変動　15 陸上資源　17 実施手段

■ 森林が減少、その原因

　世界の森林面積は約40億haで、地球の陸地面積の約30%に相当します。しかし森林は熱帯林を中心に年々減少しています。特に熱帯雨林を持つアフリカ、南米では大幅に減少しており、地球温暖化や生物多様性にとって大きな影響を及ぼすことが懸念されています。

　森林破壊の主な原因として以下のものがあります。

① 農地への転用　　　　⑤ 過放牧
② 非伝統的な焼畑耕作　⑥ プランテーション造成
③ 過度の薪炭材採取　　⑦ 森林火災
④ 不適切な商業伐採　　⑧ 違法伐採

■ 森林破壊の影響

　森林破壊の結果、生じる主な影響として以下のものがあります。

① 森林資源の減少（木材、食糧、肥料・飼料、工業原料等の減少）
② 災害の発生（土砂流出、土砂災害、洪水、雪崩等）
③ 生態系への被害（植物・動物・菌類の絶滅等）
④ 気候変動への影響（地球温暖化の進行等）

　森林面積は熱帯林を中心に、2010年からの10年間で毎年0.12%に当たる約470万ha＝四国2.6個分が減少したと推定されています。

■ 森林破壊への取り組み

　1992年にブラジルのリオデジャネイロで開催された地球サミットで森林原則声明が採択されました。これは、森林

米国やブラジル、オーストラリアでは、干ばつや高温による森林火災が発生しています。

🖉 **非伝統的な焼畑耕作**
伝統的な焼畑耕作は、数年間、作付けした後に10年程度以上放置し、他の場所に移動するが、非伝統的な焼畑耕作はこのローテーションを取らないもの。

🖉 **プランテーション**
大規模な農園のこと。

森林は年間約20億tのCO_2を吸収しています。森林破壊が進むと、地球温暖化にも影響を及ぼします。

🖉 **森林原則声明**
森林に関する初めての世界的な合意文書。国レベル、国際レベルで取り組むべき15項目の内容を規定している。

の生態系を維持し、人類の多様なニーズに対応できるように森林を取り扱おうとするものです。また、1985年に「熱帯林行動計画（TFAP）」が採択され、1986年には「国際熱帯木材機関（ITTO）」（本部は日本）が設立され、熱帯林保有国の環境保全と経済的発展（熱帯木材の貿易促進）を両立させる取り組みが始まりました。

■ **森林認証制度**

適正な管理が行われている森林を認証し、その産出品を表示管理することで消費者の選択的な購入を促し、持続的な森林経営を支援する仕組みを**森林認証制度**といいます。日本では森林管理協議会（FSC：Forest Stewardship Council）と緑の循環認証会議（SGEC：Sustainable Green Ecosystem Council）による認証が主に行われています。また、海外での違法伐採による木材の輸入を防止するため、クリーンウッド法による木材関連事業者登録制度などを導入しました。

問題 次の文章の（　）に当てはまる語句はなにか。

1 地球の陸地面積の約（ ア ）％が森林面積である。

2 森林破壊の主な原因として以下のものがある。
 1. 非伝統的な（ イ ）耕作　 3. 農地への転用
 2.（ ウ ）の過剰伐採　　　 4.（ エ ）放牧

3 1992年のリオデジャネイロの地球サミットで、森林の生態系の維持と利用のための原則「（ オ ）」が採択された。

4 森林面積は熱帯林を中心に減少しており、特にアフリカや（ カ ）では大幅な減少が続いている。

5 第三者機関が適正な管理が行われている森林を認証し、その産出品の表示管理をすることで消費者に優先的な購入を促す制度を（ キ ）という。

6 違法伐採対策として、（ ク ）による木材関連事業者登録制度が導入された。

答え
 1 ア：30　 **2** イ：焼畑　ウ：薪炭材　エ：過　 **3** オ：森林原則声明
 4 カ：南米　 **5** キ：森林認証制度　 **6** ク：クリーンウッド法

16
頻出度
★★☆

土壌・土地の劣化、砂漠化と
その対策

2 飢餓　6 水・衛生　12 生産と消費　13 気候変動　15 陸上資源

■ 砂漠化の状況

　砂漠とは、降雨量が少なく、植物が生育しにくく、人間の生活が困難な地域をいい、このような地域が広がることを**砂漠化**といいます。

　もともと自然条件が厳しい乾燥地域で砂漠化が進行すると、土壌が劣化し、農業生産力が低下します。また、干ばつや乾季の長期化をまねいて悪循環となります。いったん砂漠化してしまうと、元の植生地に戻るには数百年かかるといわれています。

　砂漠化の状況について**ミレニアム生態系評価**（2005年）は次のように報告をしています。

① 砂漠化が急激に進行している地域 …… アフリカ、アジア、南アメリカ、オーストラリアなど
② 砂漠化の影響を受けやすい乾燥地域の面積 …… 地球全陸地の41.3%
③ 砂漠化の影響を受けやすい地域に住む人 …… 約20億人以上。そのうち少なくとも90%は途上国の人々

■ 砂漠化の原因と影響

砂漠化の原因として、以下のものが考えられます。

- 自然的要因 …… 地球規模での気候変動、干ばつ、乾燥化
- 人為的要因 …… 過放牧（過剰な数の家畜の放牧）、過度の耕作による土地のやせ細り、過度の薪炭材採取による森林減少、農地への塩類集積（肥料のやりすぎなどで生じる）

特に人為的要因が問題で、その背景としては開発途上国における人口急増、貧困が関係しています。

98

● 砂漠化の要因と影響

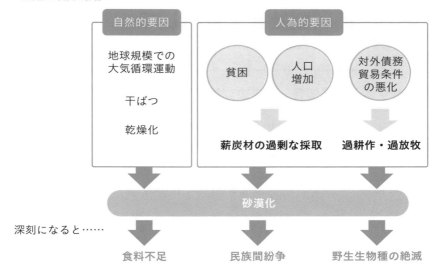

深刻になると……

砂漠化による土壌・土地の劣化によってさまざまな影響が出ています。

- 農業の生産性の低下
- 土壌や地下水・表流水の化学物質による汚染
- 温室効果ガス（GHG）の排出
- 黄砂のような大気汚染現象の悪化
- 生物多様性の喪失

貧困と人口の急増が砂漠化に拍車をかけています。

問題　**次の文章が正しいか誤りか答えよ。**

1 砂漠化の影響を受けやすい地域に暮らしている人口は、約10億人である。

2 砂漠化の背景には途上国の貧困と急激な人口増加問題がある。

3 砂漠化が特に進行しているのは、アフリカ、アジア、北アメリカ、オーストラリアなどである。

答え
1 ×：約10億人 ➡ 約20億人　　**2** ○
3 ×：北アメリカ ➡ 南アメリカ

17
頻出度
★★★

循環型社会を目指して

7エネルギー 8経済成長 9産業革新 11まちづくり 12生産と消費

■大量生産・大量消費・大量廃棄型社会の弊害

　大量生産型の社会では、生産工程で大量の汚染が発生します。たとえば、動力用として使用する燃料の酸化物、製品の洗浄で発生する化学物質や汚水などです。大量生産は大量消費を促し、「使い捨て」や頻繁な「買い替え」が容易になり、莫大なゴミが大量廃棄されることになります。

　持続可能な社会を実現するためには、廃棄物処理を適切に行う循環型のシステムへ転換していかなければなりません。

■循環型社会形成推進基本法

　日本には、「3R」という考えがあります。1994年12月環境基本法が閣議決定され、環境への負担の少ない持続可能な社会の構築が求められることになりました。

　その後、循環型社会形成推進基本法（循環型社会基本法）が2000年6月に施行され、3Rの考え方が推進されるようになりました。大量生産・大量消費・大量廃棄型の仕組みから抜本的な変革を図るため、廃棄物・リサイクルの基盤を確立させました。この法律の大きな特徴は、従来「廃棄物」に含まれた有用物を「循環資源」と改めて定義したことにあります。また、有用物のリサイクル化処理の優先順位を次のように明確化しました。

1. 発生抑制（リデュース）
2. 再使用（リユース）
3. 再生利用（マテリアルリサイクル）
4. 熱回収（サーマルリサイクル）
5. 適正処分

📎 **3R**
Reduce（発生抑制）
Reuse（再使用）
Recycle（リサイクル）

📎 **マテリアルリサイクル**
廃棄された製品等をリサイクルして、新製品の材料（マテリアル）にすること。ペットボトルのリサイクルはこれにあたる。また、PCや携帯電話等から基板を取り出し、レアメタルを回収して再生利用することも含まれる。

📎 **適正（最終）処分**
廃棄物の処理の最終段階であり、基本的には埋め立て処理のこと。

● リサイクル化処理の優先順位

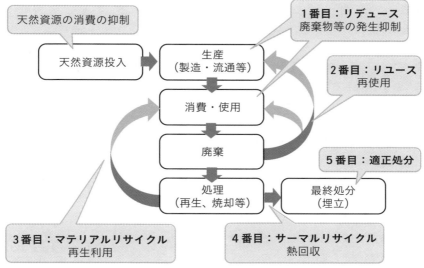

出典：環境省『循環型社会への新たな挑戦』

■「循環型社会」実現のための基本理念

　循環型社会形成推進基本法は、循環型社会形成を実現するために、排出者責任および拡大生産者責任を踏まえた措置について定めています。

① 排出者責任

　　廃棄物を出す人が、廃棄物の処分やリサイクルまで責任を持つ。

② 拡大生産者責任

　　製品の生産者は、製品設計において環境に対する配慮を組み入れ、生産した製品をただ売るだけでなく、その製品が使用され廃棄された後にも、循環的利用や処分について一定の責任を持つ。循環型社会形成推進基本法により生産者の責任として規定された。

この理念に基づき、**家電リサイクル法**、**自動車リサイクル法**などが制定・施行され、特定の製品の生産者企業への廃棄物のリサイクル化が義務づけられました。日本の家電リサイクル法では、生産者に対し物理的な責任として廃棄物の引取り義務と再商品化の実施義務が課せられています。排出時（古い家電を廃棄する）に消費者がリサイクル料金を支払う仕組みです。

■ 循環型社会形成推進基本計画（循環基本計画）

循環型社会を実現するために政府が策定した循環型社会形成推進基本計画は、循環型社会形成推進法の理念に基づき、廃棄物とリサイクルの総合的な視点から施策を推進するものです。経済社会におけるモノの流れ全体を把握する「**物質フロー指標**」の数値目標や、国の取り組み、各主体の役割などを定めています。

物質フロー指標の数値目標

次の3つの指標に目標を設定している。

［入口］

 資源生産性＝GDP（国内総生産額）÷天然資源等投入量

［出口］

 最終処分量＝廃棄物の最終埋立量

［循環］

 循環利用率＝循環利用量÷総物質投入量

■ サーキュラーエコノミー（循環経済）

サーキュラーエコノミーとは、資源投入量・消費量を抑えつつ、ストックを有効活用しながら、サービス化などを通じて付加価値を生み出す経済活動のことです。従来の3Rの取り組みに加え、原材料の調達、製品・サービスの設計段階からの資源回収や再利用を前提としています。この活動により、廃棄物や汚染物の発生を抑えることを目指しています。

《 COLUMN 》

サーマルリサイクルに問題はないの？

サーマルリサイクルは、廃棄物を燃やすときに発生する「熱エネルギー」を回収して利用するリサイクル方法です。資源消費の削減・埋立処分場の延命・メタンガスの削減といったメリットがありますが、問題点もいくつかあります。サーマルリサイクルでは廃棄物を燃料として燃やすので、温室効果の高いメタンガスの排出を減らせるとはいえ、二酸化炭素が出てしまいます。とにかくゴミを減らす・出さないことです。

問題 **次の文章の（　）に当てはまる語句はなにか。**

1 大量生産・大量消費・大量廃棄型の社会を変革し、循環型社会の構築を実施するため2000年6月に（　ア　）が制定された。

2 （　イ　）とは、生産者が廃棄された後までの責任を持つことで、製品設計において環境に対する配慮を取り込む必要がある。

3 循環型社会形成推進基本法では、優先処理順位は（　ウ　）→（　エ　）→再生利用（マテリアルリサイクル）→熱回収（サーマルリサイクル）→適正処分と規定している。

4 携帯電話等の電子部品をリサイクルして希少金属として取り出して再生利用することは、（　オ　）である。

5 循環型社会形成推進基本計画では、（　カ　）、（　キ　）、（　ク　）の3つの指標において目標を設定している。

答え
1 ア：循環型社会形成推進基本法
2 イ：拡大生産者責任
3 ウ：発生抑制（リデュース）　エ：再使用（リユース）
4 オ：マテリアルリサイクル
5 カ：資源生産性　キ：最終処分量　ク：循環利用率　※順不同

18 廃棄物処理に関する国際的な問題

頻出度 ★★☆

8 経済成長 9 産業革新 11 まちづくり 12 生産と消費

■ 国境を越える廃棄物の移動

発展途上国は有害廃棄物の処理技術や設備体制が不十分なことがあります。先進国から有害廃棄物が輸出された際に適切な処理がなされず、環境に悪影響を与えています。

これらに対する国際的対策として**バーゼル条約**があります。有害廃棄物の輸出時には、事前に相手国に通告し同意を得ることを規定しています。また不適正な輸出や処分行為が行われた場合の**返送（シップバック）**や再輸入の義務等を規定しています。日本は1993年に加入し、バーゼル条約に準ずる国内法規「バーゼル法」を制定しました。

プラスチックごみによる海洋汚染も国境を超える環境問題のひとつで、近年深刻化しています。対策として日本などの提案により、バーゼル条約の規制対象に汚染されたプラスチックが2021年1月1日から追加されました。これにより、国内での適正なリサイクル体制を整えることがより一層求められることとなりました。

✐ **バーゼル条約**
有害廃棄物の国境を越える移動及びその処分の規制に関する条約。

■ E-waste 問題

電気製品・電子部品の廃棄物の一部が途上国に輸出され、不適正な処理に伴う環境及び健康への悪影響が懸念されています。これらの問題を E-waste 問題と呼びます。電子廃棄物は都市鉱山として注目されていますが、鉛やカドミウムなど多くの有害物質も含まれています。

廃家電などが中古利用（リユース）と偽って途上国に輸出され、この問題の一因となっている可能性があります。日本では**小型家電リサイクル法**により、このような電気製品・電子部品の回収を進めています。

✐ **E-waste**
Electronic and Electrical Wastes（電気電子機器廃棄物）の略称。使用済みのテレビ、パソコン等の電気電子機器であって中古利用されずに分解・リサイクル又は処分されるものを指す。

問題 **次の文章が正しいか誤りか答えよ。**

1 ワシントン条約は、有害廃棄物を自国内で処理することを求め、不正輸出した有害廃棄物は出した政府で責任を持って回収処理することを定めた。

2 バーゼル条約では、有害廃棄物の輸出時に事前に相手国に通告し同意を得ることや、不適正な輸出や処分行為が行われた場合の返送（シップバック）の義務を規定している。

3 海洋汚染への対策のため、バーゼル条約の規制対象に生分解性プラスチックが追加され、2021年1月1日から適用された。

4 電気製品・電子部品の廃棄物の一部が途上国に輸出され、不適正な処理をされることにより環境及び健康に悪影響を及ぼす問題をE-waste問題という。

5 日本では、携帯電話などの小型家電の回収・リサイクルを推進するために家電リサイクル法が定められた。

答え
1 ×：ワシントン条約➡バーゼル条約
2 ○
3 ×：生分解性プラスチック➡汚染されたプラスチック
4 ○
5 ×：家電リサイクル法➡小型家電リサイクル法

19

頻出度
★★★

廃棄物処理に関する国内の問題

8経済成長 9産業革新 11まちづくり 12生産と消費 17実施手段

■ 廃棄物の種類

廃棄物処理法では、廃棄物を次のように定義しています。

> 廃棄物とは、ごみ、粗大ごみ、燃え殻、汚泥、ふん尿、廃油、廃酸、廃アルカリ、動物の死体その他の汚物又は不要物であって、固形状又は液体のもの

廃棄物の種類は、一般廃棄物、産業廃棄物の2つに大別されます。さらに、一般廃棄物および産業廃棄物のうち爆発性、毒性、感染性があったり、人の健康または生活に被害をもたらす恐れのあるものを特別管理廃棄物と呼んでいます。

一般廃棄物には、家庭系のごみだけでなく、オフィス、飲食店、学校などから発生する事業系ごみも含まれます。なお、一般廃棄物は「一般ゴミ」「ごみ」とも呼ばれます。たとえば、一般廃棄物の排出量はごみ排出量と同義です。

> 🖉 **廃棄物処理法**
> 正式名称は「廃棄物の処理及び清掃に関する法律」。廃棄物処理法の目的は「生活環境の保全および公衆衛生の向上を図ること」（第1条）である。

● 廃棄物の種類

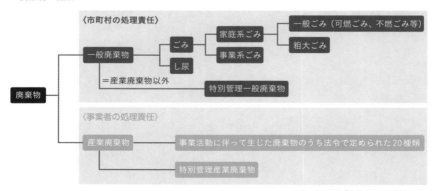

出典：環境省『令和4年版 環境白書』

■ 産業廃棄物20種類と特別管理廃棄物

次の図に、20種類の産業廃棄物と特別管理廃棄物（産業・一般）の一覧を示します。人の健康や環境に被害を及ぼすおそれのある有害廃棄物は、**特別管理一般廃棄物**、**特別管理産業廃棄物**として、管理責任者のアサインと厳しい管理が求められます。

● 産業廃棄物と特別管理廃棄物

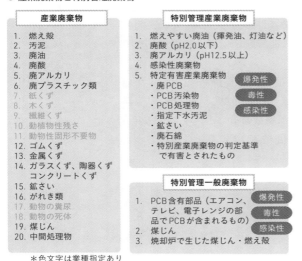

産業廃棄物

1. 燃え殻
2. 汚泥
3. 廃油
4. 廃酸
5. 廃アルカリ
6. 廃プラスチック類
7. 紙くず
8. 木くず
9. 繊維くず
10. 動植物性残さ
11. 動物性固形不要物
12. ゴムくず
13. 金属くず
14. ガラスくず、陶器くず コンクリートくず
15. 鉱さい
16. がれき類
17. 動物の糞尿
18. 動物の死体
19. 煤じん
20. 中間処理物

＊色文字は業種指定あり

特別管理産業廃棄物

1. 燃えやすい廃油（揮発油、灯油など）
2. 廃酸（pH2.0以下）
3. 廃アルカリ（pH12.5以上）
4. 感染性廃棄物
5. 特定有害産業廃棄物
   ・廃PCB
   ・PCB汚染物
   ・PCB処理物
   ・指定下水汚泥
   ・鉱さい
   ・廃石綿
   ・特別産業廃棄物の判定基準で有害とされたもの

爆発性　毒性　感染性

特別管理一般廃棄物

1. PCB含有部品（エアコン、テレビ、電子レンジの部品でPCBが含まれるもの）
2. 煤じん
3. 焼却炉で生じた煤じん・燃え殻

爆発性　毒性　感染性

■ 廃棄物の排出量・処理の現状

我が国では、2000年に**循環型社会基本法**が施行以降、ごみの排出量は減少傾向となり、産業廃棄物は1990年以降、4億トン前後で推移しています。

我が国の<u>1人1日当たりのごみ排出量は、2020年度901g</u>となっています。

■ 事業者の責務（排出者責任）

廃棄物は「不要物」との考えで、ともすると不法投棄や不適正処分を招きかねません。このため廃棄物処理法ではさまざまな基準と規制があります。特に<u>産業廃棄物の処理を委託</u>する際に交付し、その回付により、確実な処分を遂

3

環境問題を知る

日本の1人1日当たりのごみ排出量は、先進国の中では少ないです。イタリアやドイツは日本の約1.5倍、米国は2倍近くになります。

行するための**産業廃棄物管理票（マニフェスト）**があります。

■処理が困難な廃棄物（PCB）

ポリ塩化ビフェニル（PCB）は熱安定性、電気絶縁性に優れているため、トランジスタやコンデンサーなど幅広い分野で用いられてきました。しかし1968年に起こった**カネミ油症事件**をきっかけに、1972年の生産・使用の中止等の行政指導を経て、1974年に製造および輸入が原則禁止されました。PCB処理特別措置法に則って管理されています。

その後、PCB廃棄物処理施設を整備し、2004年からPCB廃棄物処理を開始しました。しかし、使用中の機器や未届けのPCB使用機器が多数あることから、2016年3月までとされていた処分期間が2022年度末に延長されました。

■産業廃棄物の不法投棄

2022年度末現在、産業廃棄物の不法投棄件数は2,822件、約1,547.1万トンあり、そのうち75.1%が建設系廃棄物です。

1970年代から現在まで、悪質な廃棄物処理業者による大規模な不法投棄事件が発生しています。その中で特に大きな事件（事案）として、「**豊島不法投棄事案**」「**青森・岩手県境不法投棄事案**」「**岐阜市椿洞不法投棄事案**」があります。

■最終処分場の残余容量と残余年数

廃棄物処理の最終段階は、最終処分場での埋め立てです。処理施設の建設は、地域住民からの反対もあり、新規確保が難しい状況です。一般廃棄物の**残余容量**は減少し、産業廃棄物では横ばい傾向が続いています。**残余年数**は、2022年度末現在、一般廃棄物は23.5年（前年度22.4年）です。産業廃棄物は、2019年度現在16.8年（前年度

カネミ油症事件
食用油の製造工程でPCBが混入し、その食用油を食した人に障害等が発生した、福岡県を中心に西日本で起きた国内最大の食品公害。

残余容量
現存する最終処分場に今後埋め立てできる廃棄物の量。

残余年数
現存する最終処分場が満杯になるまでの残りの期間の推計年数。

17.4 年）程度の年数しかなく、厳しい状況です。

■ 災害廃棄物「がれき」処理対策

2011 年 3 月 11 日の東日本大震災と大津波により、岩手県・宮城県・福島県 3 県合計で約 2,273 万トンのがれきが発生しました。

この災害廃棄物の処理を推進するため、2011 年 8 月「東日本大震災により生じた災害廃棄物の処理に関する特別措置法」が公布・施行されました。これには市町村長の要請により国が廃棄物処理の代行をしたり、費用を一部負担したりすることが定められています。

廃棄物の種類や不法投棄の実態、不法投棄を防ぐための施策・仕組みなどを理解しましょう。

問題　次の文章の（　）にあてはまる語句は何か。

1 一般廃棄物とは、廃棄物処理法で定められた（　ア　）種類の産業廃棄物以外をいう。

2 一般廃棄物はごみとし尿に分かれており、ごみはさらに家庭系ごみと（　イ　）に分かれている。

3 一般廃棄物の処理責任は（　ウ　）にあり、産業廃棄物の処理責任は（　エ　）にある。

4 廃棄物処理法では、「廃棄物とは、ごみ、（　オ　）、燃え殻、汚泥、ふん尿、廃油、廃酸、廃アルカリ、動物の死体その他の汚物又は不要物であって、固形状又は液体のもの」と定義されている。

5 廃棄物処理法によれば、特別管理廃棄物とは、「爆発性、毒性、（　キ　）、その他の人の健康又は生活環境に係る被害を生ずるおそれがある性状を有するもの」をいう。

6 産業廃棄物を排出する事業者が、収集運搬業者や処分業者に処理を委託する場合、発行しなければならない伝票を（　カ　）という

7 2020 年度、日本の 1 人 1 日当たりのごみ排出量は（　ク　）g である。

答え
1 ア：20　　**2** イ：事業系　　**3** ウ：市町村　エ：事業者
4 オ：粗大ごみ　　**5** カ：感染性
6 キ：産業廃棄物管理票（マニフェスト）　**7** ク：901

20 リサイクル制度

頻出度 ★★★

8 経済成長　9 産業革新　11 まちづくり　12 生産と消費　17 実施手段

■ リサイクル推進に向けた法律整備

循環型社会の実現のためにはリサイクルの推進が重要です。多くのリサイクル法が、循環型社会基本計画が策定された2000年前後に成立しました。

■ リサイクル法適用品目の利用状況

①家電廃棄物

家電リサイクル法は、特定の家電製品（家庭用エアコン、テレビ、電気冷蔵庫・冷凍庫、電気洗濯機・衣類乾燥機）に対して家電メーカー等に一定水準以上の再商品化を課したものです。

製品分野ごとの、リサイクルの状況を理解しておきましょう。

家電製品を使った消費者（排出者）がそのための費用を負担することにより循環型社会を実現することを狙いとしています。2020年度の廃家電の回収率は、4品目合計で64.8%でした。

携帯電話などの電子機器には、**レアメタル**（金・銀・ニッケルなど）が多数使用されており、**都市鉱山**と呼ばれています。小型電子機器の大部分は家電リサイクル法の対象外です。これらの有用物の回収を目的として、2013年4月に**小型家電リサイクル法**が施行されました。

出荷台数に対し、適正に回収・リサイクルされた台数が回収率です。

②食品廃棄物

食品リサイクル法は、売れ残り、食べ残し、製造過程などで出た廃棄物について、発生抑制と減量化により最終的に処分される量を減少させようとするものです。また、飼料や肥料などの原材料として再生利用するよう、食品関連事業者（製造、流通、外食など）に食品循環資源の再生利用について定めてもいます。一般家庭から排出される生ごみは、対象外です。

2021年度における食品産業全体の再生利用等実施率は93％でした。業種別にみると、食品製造業は97％、食品卸売業は74％、食品小売業は62％、外食産業は47％と、食品流通の下流側ほどリサイクル率が低くなっています。

食品ロスとは、本来食べられるのに捨てられてしまう食品を指します。我が国の食品自給率は37％（2020年度カロリーベース）と、海外に多くの食材を依存しているにもかかわらず、2020年度では522万トンもの食品ロスが発生しました。対策として、以下のような取り組みが行われています。

・**フードバンク**
　包装の印字ミスや賞味期限が近いなど、通常の販売が困難な食品を福祉施設等へ提供する活動。

・**フードドライブ**
　家庭で余った食品を福祉施設等へ寄付する活動。

・**フードシェアリング**
　廃棄される食品と消費者をマッチングさせ、食品ロスの発生や無駄を減らす仕組み。

・**3010運動**
　宴会などにおける食べ残しを減らすため、最初の30分と最後の10分は料理を楽しむ時間とする取り組み。

③容器包装廃棄物

容器包装リサイクル法は、容器包装廃棄物を資源として有効利用することにより、ごみの減量化を図るための法律です。消費者は分別排出、市町村は分別収集、事業者は再商品化（リサイクル）を行うという三者の役割を定めています。それぞれの立場でリサイクルの役割を担うことが重要です。

　プラスチックの過剰な使用を抑えるための取り組みとし

て、2020年7月1日からはプラスチック製買物袋（レジ袋）の全国一律有料化が開始されています。「生分解性プラスチック」や「バイオマス素材」の配合率が一定以上のものなど、環境性能が認められている製品は対象外です。

④建設廃棄物

建設リサイクル法は、一定規模以上の建設工事受注者・請負者などに対して、コンクリート塊、アスファルト・コンクリートおよび建設発生木材について分別解体や再資源化を行うことを義務づけています。

この法令の施行で、最終処分場の残余年数の改善や不法投棄件数の約7割を占める建設系廃棄物の不法投棄が減少したといわれています。

⑤使用済み自動車

使用済み自動車は資源価値の高いものですが、産業廃棄物最終処分場の切迫によるシュレッダーダスト処分費の高騰、不法投棄などの懸念、エアコン冷媒のフロン類とエアバック類の適正処理などの課題対応のために2003年に自動車リサイクル法が制定されました。使用済み自動車の引き取り、引渡し、および再資源化などを適正にかつ円滑に実施するための措置を定めています。使用済み自動車の「シュレッダーダスト」「フロン類」「エアバッグ類」がリサイクル対象です。

自動車のリサイクル費用は、所有者が自動車を購入した際に支払う（先払い）再資源化預託金（リサイクル料金）によって賄われます。

生分解性プラスチック
ある一定の条件下で微生物等の働きにより分解し、最終的には二酸化炭素と水に変化する性質のプラスチック。

シュレッダーダスト
廃自動車や廃家電から鉄や非鉄金属などを回収した後、産業廃棄物として捨てられるプラスチック、ガラス、ゴムなどの破片の混合物。

リサイクル料金
製品などの使用後、廃棄される際に支払う「後払い」として、家電4品目がある。自動車は、購入代金と共に預託金として支払う（先払い）。2003年10月以降に生産されたパソコンのリサイクル費用は、購入時に預託金として支払われている。

問題 次の文章の（　）に当てはまる語句はなにか。

1 （ ア ）法の対象廃棄物は、食品の製造、流通、外食などで生じる廃棄物である。

2 食品リサイクル法では、（ イ ）から排出される生ごみは対象外としている。

3 食品流通の下流側ほどリサイクル率が（ ウ ）い。

4 廃棄される食品を消費者がPCなどで注文・購入でき食品ロスの発生や無駄を減らす仕組みを（ エ ）という。

5 （ オ ）法は、家電の製造業者、輸入業者、小売業、消費者の義務を定めている。

6 家電リサイクル法の対象は、家庭用エアコン、（ カ ）、電気冷蔵庫・冷凍庫、電気洗濯機・衣類乾燥機の4品目である。

7 （ キ ）法は、消費者は分別排出、市町村は分別収集、事業者は再商品化（リサイクル）を行うという三者の役割を定めている。

8 自動車リサイクル法では、使用済み自動車の「（ ク ）」「フロン類」「エアバッグ類」が対象である。

9 リサイクル処分の費用には「先払い」と「後払い」があるが、自動車リサイクルについては（ ケ ）で支払う費用によって賄われる。

10 建築リサイクル法の施行により、建築系廃棄物の（ コ ）が改善し、（ サ ）も減少したといわれている。

答え
1 ア：食品リサイクル　　**2** イ：一般家庭　　**3** ウ：低
4 エ：フードシェアリング　　**5** オ：家電リサイクル
6 カ：テレビ　　**7** キ：容器包装リサイクル
8 ク：シュレッダーダスト　　**9** ケ：先払い
10 コ：残余年数　サ：不法投棄

環境問題を知る

3

113

21 地域環境問題

頻出度
★☆☆

■ 地域環境問題と地球環境問題

社会経済が発展する過程では、大気汚染、水質汚濁、土壌汚染などの公害や、自然環境・生態系の破壊など多くの環境問題が発生します。

これらの環境問題のうち、原因とその影響が捉えやすく、地域に特定されやすいものを地域環境問題といいます。一方、地球温暖化やPM2.5のようにその影響が地域のみならず国境を越える問題を地球環境問題といいます。

■ 公害対策基本法と公害関連14法案の制定

日本各地で発生した公害問題に対応するため、**公害対策基本法**が1967年に制定されました。これは、公害から日本国民の健康と生活を守るため、国および地方公共団体、事業者の責務と、公害防止のための各種施策について定めたものです。1993年の**環境基本法**の成立により廃止となりましたが、内容の多くは引き継がれています。

1970年11月末に招集された臨時国会は、公害関連法令の抜本的整備が行われたことから**公害国会**と呼ばれています。公害関連14法案が提出され、すべて可決・成立しました。

■ 典型7公害

産業革命以降、人間の生命・健康・安全や地域自然環境に被害を及ぼす公害問題が発生しました。その中でも、特に被害が大きい①**大気汚染**、②**水質汚濁**、③**土壌汚染**、④**騒音**、⑤**振動**、⑥**悪臭**、⑦**地盤沈下**を**典型7公害**といい、環境基本法に定義されています。

これらの7公害のうち、自動車等による排ガスや騒音、飲食業からの排気口からの悪臭など都市型の生活型公害

> ✍ **公害の定義（環境基本法による）**
> 事業活動その他の人の活動に伴って生ずる相当範囲にわたる大気汚染、水質の汚濁、土壌の汚染、騒音、振動、地盤の沈下及び悪臭によって、人の健康または生活環境に係る被害が生ずること。

> 典型7公害とは何か覚えておきましょう。

は、**感覚公害**ともいわれています。このような地域環境問題は、都市構造や土地利用、人々のライフスタイルにも関わる問題です。騒音・振動・悪臭に関しては、それぞれ騒音規制法、振動規制法、悪臭防止法が整備されています。しかし、これらは感覚公害といわれるとおり、規制許容範囲内でも苦情となるケースが多くあり、全面的な解決には至っていません。

3
環境問題を知る

感覚公害
人の感覚を刺激して不快感やうるささとして受け止められる公害。騒音・振動・悪臭などがある。

● 典型7公害の関連法

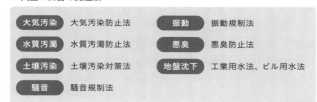

大気汚染	大気汚染防止法	振動	振動規制法
水質汚濁	水質汚濁防止法	悪臭	悪臭防止法
土壌汚染	土壌汚染対策法	地盤沈下	工業用水法、ビル用水法
騒音	騒音規制法		

問題 次の文章の（　）に当てはまる語句は何か。

1 「公害対策基本法」のもとに、大気汚染、水質汚濁などの公害関係の法律の整備・強化が図られ、1993年には（　ア　）の成立により、その内容の大部分が引き継がれた。

2 日本各地で発生した公害問題に対応するため、1967年に（　イ　）が制定された。

3 典型7公害とは、大気汚染、（　ウ　）、土壌汚染、騒音、振動、悪臭、（　エ　）である。

4 人の感覚を刺激して不快感として受け止められる公害を感覚公害といい、代表的なものとして（　オ　）・（　カ　）・（　キ　）が挙げられる。

答え
1 ア：環境基本法　　**2** イ：公害対策基本法
3 ウ：水質汚濁　エ：地盤沈下　※順不同
4 オ：騒音　カ：振動　キ：悪臭　※順不同

22
頻出度
★★★

大気汚染の原因と対策

3 保健　12 生産と消費　13 気候変動

■ 大気汚染の経緯と現状

産業革命以降、日本をはじめとした先進国では化石燃料の利用が拡大し、大気汚染が大きな社会問題となりました。**ロンドンスモッグ事件**や**四日市ぜんそく**などがその典型的な事例です。

1960年代後半には公害対策基本法（1967年）、大気汚染防止法（1968年）の制定などの法規制や技術的対策により硫黄酸化物（SOx）などの産業公害型の大気汚染が改善されました。しかし現在は、大都市などの交通量の増大により、窒素酸化物（NOx）や粒子状物質（PM）など自動車の排ガスによる都市生活型の大気汚染が新たに課題となっています。

また、中国の経済成長に伴う大気汚染や**黄砂**（大陸から偏西風で運ばれてくる砂じん）も日本に影響を及ぼしています。

■ 大気汚染の原因物質

大気汚染防止法（1968年制定、2006年改正）では以下の大気汚染の原因物質を規制対象にしています。

● 大気汚染の原因物質

原因物質	内容
ばい煙	硫黄酸化物（SOx）、ばいじん（すす）、窒素酸化物（NOx）など
粉じん	一般粉じん（セメント粉、石炭粉、鉄粉など）、特定粉じん（石綿）
自動車排気ガス	一酸化炭素（CO）、炭化水素（HC）、窒素酸化物（NOx）、鉛化合物、粒子状物質（PM）
有害大気汚染物質	ベンゼン、トリクロロエチレン、テトラクロロエチレン、ジクロロメタン
揮発性有機化合物（VOC）	常温常圧で空気中に容易に揮発する物質。接着剤や塗料に含まれるホルムアルデヒドやキシレンなどがある

スモッグ (smog)
スモッグは煙（smoke）と霧（fog）を合成した言葉。

大気汚染の対策
硫黄酸化物（SOx）の排出抑制：重油の脱硫や排煙脱硫装置の設置など。
窒素酸化物（NOx）の排出抑制：低NOx燃焼技術や排煙脱硝装置の設置など。
ばい塵対策：集じん装置など。火力発電所をはじめとする大規模施設では、ろ過集じん装置が広く用いられている。

VOCは臭気や有害性を持ち、シックハウス症候群の原因になることがあります。

粉じんのうち、**アスベスト（石綿）**は、天然に産する繊維状ケイ酸塩鉱物で、かつては建材やブレーキライニング、断熱材等に広く使用されてきましたが、細かい繊維を吸い込むことでじん肺や中皮腫の原因となることが判明し、2006年には製造、輸入、使用と全面禁止となりました。しかし、生産量がわかっておらず、いまだに建設部材などで存在します。

■ 都市生活型の大気汚染

都市生活型の大気汚染の例として、以下のものがあります。

・光化学スモッグ

大気中の<u>窒素酸化物</u>や<u>炭化水素</u>が太陽からの<u>紫外線</u>により光化学反応を起こし、<u>光化学オキシダント</u>が発生し、<u>光化学スモッグの原因</u>となります。大量に発生すると、目やのどの痛み、肺機能の低下などの障害が起こります。

・PM2.5

粒子状物質（PM）のうち、<u>粒径が10μm以下のものを浮遊粒子状物質（SPM）</u>といいます。

近年は、「PM2.5」が注目されています。これは大気汚染物質の一つで、<u>直径2.5μm以下の微粒子状物質</u>で、吸い込むと肺の奥まで入り込み、肺がんなど呼吸器や循環器の疾患の原因になる可能性があります。

■ 大気汚染対策

大気汚染対策は、固定発生源対策（工場や事業場）と移動発生源対策（自動車など）に分けられます。どちらの対策も、**エンドオブパイフ**による排出ガス浄化対策が基本となります。また、ハイブリッド車や電気自動車の普及、物流の効率化、公共交通機関の利用促進なども、自動車からの排出ガスを抑えられるため大気汚染対策として有効です。

国土交通省では、ホルムアルデヒド・トルエン・キシレン・エチルベンゼン・スチレンの5つを住宅性能表示のための特定測定物質に指定しています。また、厚生労働省は、ホルムアルデヒドの室内濃度指針値を0.08ppmと定めています。

アスベストについては、WHOから肺がんを引き起こす可能性があると報告されています。厚生労働省では、実態の調査を続けるとともに、非石綿含有素材への代替化を促しています。

📎**エンドオブパイプ**
工場の排気や排水を、排出口で何らかの処理をすることによって、環境負荷を軽減する技術。この規制的手段と技術により、公害対策は進展した。

23
頻出度
★★☆

水質汚濁の原因と対策

3保健 **6水・衛生** **12生産と消費** **14海洋資源** **15陸上資源** **17実施手段**

■ 水質汚濁の経緯と現状

日本の水質汚濁の歴史は古く、明治時代に発生した**足尾銅山鉱毒事件**は日本の公害の原点といわれています。この事件は農民らの請願や天皇への直訴などで大きな社会問題となりました。

高度成長期（1950、60年代）に入ると、工場からの有害物質を含む排水による被害が多く発生しました。排水処理が不十分なまま放流されたため、多くの河川で魚類等が絶滅・激減しました。東京湾、瀬戸内海などでは、**赤潮**の多発により漁業被害が発生しました。

現在は、大量の生活排水が流入し、汚染物質が蓄積しやすい内湾、内海、湖沼、都市部の河川などの**閉鎖性水域**での水質改善が課題となっています。また、有害化学物質の地下浸透や、廃棄物の不法投棄などに起因する、地下水汚染などが問題となっています。

■ 水質汚濁の原因

工場や家庭から自然環境の**自浄作用**の限界を超えた量の汚染排水が流入すると、河川・湖沼・海洋などの水質汚濁が進んでしまいます。水質悪化の原因は、大きく分けて**有害物質**によるものと、**有機物**によるものがあります。有機物は水中の微生物によって分解されますが（自浄作用）、量が多いと分解が間に合わず、分解できなかった有機物はヘドロとなって堆積します。また、分解には水中の酸素が使用されるため、酸素濃度が下がります。さらに、排水に含まれる**栄養塩類**（窒素、リンなど）が過剰に増えると、富栄養な状態になり（これを**富栄養化**という）藻類やプランクトンが大量繁殖して、赤潮や**アオコ**の原因となります。

足尾銅山鉱毒事件
日本の公害の原点と呼ばれている。明治時代（1877年）に栃木県渡良瀬川流域で発生。銅山からの排煙（鉱毒ガス）、鉱毒水などの有害物質が周辺住民への健康被害や、農業・漁業などにも大きな被害を与えた。

赤潮
プランクトンの異常繁殖により海や川、湖沼が変色する現象。

アオコ
湖沼水が富栄養化による藻類の異常繁殖で緑色に変色する現象。

①有害物質によるもの

- 鉱山や工場からの排水に含まれるカドミウム、鉛、水銀、六価クロム等の重金属
- 産業廃棄物や船舶の廃油
- PCBなど残留性有機汚染物質

②有機物によるもの

- 台所やトイレなどからの家庭の生活排水
- 食品関連の工場から排出される有機物や栄養塩類、農業排水、牧畜排水など

日常生活における生活排水も水質汚濁の要因のひとつです。

■病原菌や放射性物質による水質汚濁

海外ではコレラや赤痢などの病原菌による水の汚染が大きな問題となっています。

日本では2011年の東京電力福島第一原子力発電所の事故により、放射性物質による海や河川の汚染という新たな問題が発生しました。放射性物質は、長く残留するため、注視する必要があります。

■水質汚濁への対策

水質汚濁防止法（1970年公布）では、人の健康に被害を及ぼす恐れのある有害物質の排出基準を設けて規制しています。この結果、深刻な産業公害は減りましたが、生活排水による水質汚濁や、有害物質による地下水汚染が新たな課題として登場しています。

公共用水域では、以下の2種類の環境基準が定められています。

水質汚濁防止法
工場や事業場から公共用水域に排出される水の排出と地下に浸透する水を規制している。人の健康被害を起こす恐れのある有害物質27種類を健康項目として排出基準を設け規制。

①人の健康保護に関する環境基準（健康項目）：
　カドミウム、鉛など重金属、化学物質等

②生活環境の保全に関する環境基準（生活環境項目）：
　BOD，CODなど

- BOD（Biochemical Oxygen Demand）
  水中の汚染物質を分解するために、微生物が必要とする酸素の量のこと。値が大きいほど水質汚染は著しい。主に河川の汚染指標。
- COD（Chemical Oxygen Demand）
  水中の汚染物質を化学的に酸化するために必要な酸素量で示したもの。主に海域や湖沼の水質指標。

BODは、微生物が行うため狭い・小さな河川。CODは、化学的に処理するため大きな海域や湖沼と覚えましょう。

■ 水質汚濁対策の技術

下水・排水中の汚濁物質を取り除くための主な方法として、**物理化学的方法**と**生物化学的方法**があります。排水や成分濃度や種類に応じて組み合わせて処理されます。

対策方法	対策技術
物理化学的方法	沈殿、沈降、濾過など汚濁物の物理的性質を利用した方法のほか中和、イオン交換膜を用いた化学的性質を利用した方法もある
生物化学的方法	人工的に培養・育成された好気性微生物を利用し、排水・汚水の浄化手段として下水処理場、し尿処理場、浄化槽などで広く利用されている。活性汚泥法とも呼ばれている

・活性汚泥法

下水・排水処理方法の一つ。有機物を含む排水を曝気（ばっき：空気と液体を接触させ排水に酸素を供給すること）により、バクテリアを繁殖させた後、ゼラチン状の汚泥を沈殿させる。この沈殿物を沈降除去する処理。

1970年以降、多くの法令による規制が開始され、また国民の環境意識の変化などにより、河川のBODや海域や湖沼のCODの数値は徐々に改善しました。しかし、都市の中小河川や湖沼などの閉鎖性水域では、環境基準達成率の低い状態が依然として続いています。

《 COLUMN 》

大量な化学肥料の使用が地球環境問題に！

世界中で使われる化学肥料（主成分は窒素・リン・カリウム）は年間1億4,500万トン
で、それが雨によって川や海に流出し、汚染物質となっています。そして、低い酸素
レベルで増殖する微生物が CO_2 より300倍強力なGHGである亜酸化窒素（N_2O）を多
く排出するので、川魚や魚貝類の死滅や気候変動問題とも関連あると最近注目されて
います。

問題 **次の文章が正しいか誤りか答えよ。**

1 水質汚濁の原因には、有機物や窒素化合物、リン酸塩を含む工場や
家庭からの排水がある。

2 人の健康に被害を及ぼす恐れのある有害物質を排出する工場や事業
場に対して、排出基準を設けて規制する法律を湖沼水質保全特別措
置法という。

3 ある程度の量の汚染排水であれば、流入しても自然に回復すること
ができるのは、自然環境に吸収・同化作用が備わっているためであ
る。

4 赤潮やアオコは、プランクトンの異常繁殖によって海や川、湖沼が
変色する現象である。

5 富栄養化は、栄養塩類（窒素、リンなど）が湖沼などに過剰に排出さ
れることにより発生する。

6 現在は、都市部の河川などの閉鎖性水域での水質改善が課題となっ
ている。

7 BOD（生物化学的酸素要求量）は、バクテリア等微生物が水中の有機
物を分解するために必要とする酸素の量で、主に海域や湖沼の汚染
指標に使用される。

答え
1 ○
2 ×：湖沼水質保全特別措置法➡水質汚濁防止法
3 ×：吸収・同化作用➡自浄作用
4 ○
5 ○
6 ○
7 ×：海域や湖沼➡河川

24 土壌環境・地盤環境

頻出度 ★★☆

11 まちづくり　12 生産と消費

■土壌汚染の特徴

化学物質による土壌汚染が多くの場所で判明しています。この理由は、近年工場跡地の再開発や売却が増加し、事業者による自主的な汚染調査などが行われ、その結果、判明件数が増えているのです。土壌汚染の特徴として以下のものがあげられます。

① 水や大気と比べて移動性が低い
② 土壌中の化学物質は拡散、希釈されにくいため、汚染されると長期にわたって汚染状態が続く
③ 局地的に発生する
④ 外見からは発見が困難
⑤ 放置すると人の健康に影響を及ぼし続ける

> 土壌汚染の事例は鉛、砒素、ふっ素などの重金属や、金属の脱脂洗浄や溶剤として使われるトリクロロエチレン、テトラクロロエチレンによる事例が多くみられます。

■土壌環境の保全対策

汚染された土壌の措置方法には、以下のものがあります。

・掘削除去

汚染された土壌を掘削し、特定有害物質を除去して元の場所に埋め戻す措置。

・原位置浄化

汚染された土壌を掘削せずに、特定有害物質を抽出または分解することで基準値以下まで除去する措置。原位置浄化技術の一つにバイオレメディエーションがあり、費用負担や汚染拡散の懸念が少ないことから推進される。

土壌環境を保全するための対策は、大きく次の3つに大別されます。

🖉 **土壌汚染対策法**
土壌汚染による被害が増加する現状を受け、土壌汚染による人の健康被害の防止対策のため2003年に施行された。

🖉 **バイオレメディエーション**
生物や菌類の浄化作用を利用することで、土壌、地下水等の環境汚染の浄化を図る方法。

① 未然防止対策 …… 水質汚濁防止法、大気汚染防止法、廃棄物処理法、農薬取締法

② 市街地などの土壌汚染対策 …… 土壌汚染対策法、ダイオキシン類対策特別措置法

③ 農用地土壌汚染対策 …… 農用地土壌汚染防止法

環境問題を知る

3

● 土壌環境の保全対策

対策	法律	内容
未然防止対策	水質汚濁防止法	工場・事業場から排水規制や有害物質を含む水の地下浸透禁止
	大気汚染防止法	工場・事業場からのばい煙の排出規制
	廃棄物処理法	有害廃棄物の埋め立て方法の規制
	農薬取締法	農薬の土壌残留に関わる規制
市街地などの土壌汚染対策	土壌汚染対策法（2002年制定、2003年施行）	有害物質使用施設の跡地や一定面積以上の土地の形質変更などを行う場合などに土壌汚染調査が義務づけられた（2009年4月改正）
	ダイオキシン類対策特別措置法（2000年施行）	ダイオキシン類による土壌汚染に関わる対策
農用地土壌汚染対策	農用地土壌汚染防止法（1970年制定）	カドミウム、銅およびヒ素による農用地汚染に関わる対策。**イタイイタイ病の発生が契機となり制定された**

《 COLUMN 》

豊洲新市場の移転、大幅に遅れる

2001年、東京都築地市場の移転地（約37万4,000m²）である**豊洲新市場**（江東区豊洲地区）の**地下水**から、環境基準の4万3,000倍の有害化学物質「**ベンゼン**」、930倍の「**シアン化合物**」が検出されました。小池百合子知事は、2016年11月7日に予定されていた築地市場（中央区）の豊洲新市場（江東区）への移転を延期をしました（2016年9月2日）。掘削除去やバイオレメディエーションなどの処置・対応を行い、2018年10月開場となりました。

この移転地は、**東京ガスが石炭などからガスを作っていた工場跡地**でした。

問題　**下記の文章に差し替えてくださいませ。**

1 原位置浄化の方法のひとつであり、生物や菌類の浄化作用を利用することで土壌、地下水等の環境汚染の浄化を図る方法を掘削除去という。

2 豊洲新市場では、工場跡地の土壌汚染が原因で、地下水のベンゼン汚染やシアン化合物汚染が話題となった。

答え　**1** ×：掘削除去➡バイオレメディエーション
2 ○

123

25

頻出度
★★★

騒音・振動・悪臭、都市と環境問題

3 保健　7 エネルギー　9 産業革新　11 まちづくり

■感覚公害の現状

　典型7公害のうち、**騒音・振動・悪臭**は、**感覚公害**と呼ばれています。規制許容範囲内でも苦情となるケースが多くあり、全面的な解決が難しいという側面があります。

　悪臭の苦情件数は、2000年代の初めから大幅に減少しています。これは2003年に発生源の半数近くを占めていた野外焼却（野焼き）が2001年に廃棄物処理法により原則禁止されたことが大きな理由です。2010年以降は騒音に対する苦情が最も多くなっています。

騒音には、
・工場、建築作業
・道路交通騒音
・航空機騒音
・新幹線騒音
などがあります。

■日本における騒音・振動・悪臭防止技術と対策

　騒音・振動・悪臭に関しては、それぞれ騒音規制法（1968年制定）、振動規制法（1976年制定）、悪臭防止法（1971年制定）といった法律が整備されています。具体的な対策として以下が講じられ、効果を上げています。

① 低騒音・低振動型の製造機械や建設機械の導入
② 脱臭装置の設置
③ 作業内容・調理内容の見直し
④ 作業時間帯の変更・短縮など

■大都市の環境問題

　2022年1月1日現在、日本の総人口は約1億2,493万人です。その4割以上が東京・大阪・名古屋の3大都市圏に集中しています。大都市に人口や産業が集中すると、都市環境に大きな環境負荷がかかり、以下のような問題が起こります。

① 廃棄物処理（これが都市環境問題の原点）

都市化に伴う環境問題の特徴を理解しましょう。

② 自動車の増加や交通渋滞による大気汚染

③ 感覚公害の増加

④ ヒートアイランド現象

⑤ 光害

⑥ 都市景観の悪化

⑦ 都市型洪水の発生

■ 人口減少、高齢化を踏まえたまちづくりへ

日本は人口減少、高齢化が進み、**スプロール化**、**スポンジ化**が問題となっています。これらを防ぐために登場したのが、**コンパクトシティ**構想です。

コンパクトシティ構想は、職場、店舗、公共施設など生活に必要な機能を中心部に集めることで、公共交通機関や徒歩で暮らせるコンパクトな街をつくり、それにより排ガスの排出量やエネルギー消費量を削減することができる空間配置です。2012年に制定された**エコまち法**では、市町村による低炭素のまちづくり計画の作成や、集約都市開発事業の実施などを通じて、コンパクトシティ化を推進しています。

🖉 光害
屋外照明の増加や、照明の不適切な使用によってまぶしく感じたり、外界の認知力が低下すること。農作物や動植物への悪影響や天体観測への障害などを含めることもある。

🖉 都市型洪水
都市部の地面はコンクリートやアスファルトでほとんど覆われてしまっているため、雨水が地面に浸透せず（保水機能）、また水を滞留できなくなり（遊水機能）、集中豪雨などがあると排水が追いつかず、浸水などの被害が生じる。

🖉 スプロール化
都市が郊外に無秩序・無計画に広がっていくこと。

🖉 スポンジ化
スポンジの穴のように、都市に未利用地が増えること。

問題 次の文章の（　）に当てはまる語句は何か。

1 保水機能と遊水機能が失われ、集中豪雨などがあると排水能力が不足し、浸水などの被害が起こることを（　ア　）という。

2 屋外照明の増加や照明の不適切な使用によってまぶしく感じ、外界に対する認知力が低下することを（　イ　）という。

3 感覚公害といわれる騒音・振動・悪臭のうち、近年最も苦情件数が多いのは（　ウ　）である。

4 職場、店舗、公共施設など生活に必要な機能を中心部に集めることで、それにより排ガスの排出量やエネルギー消費量を削減する空間配置を（　ウ　）という。

 1 ア：都市型洪水　　**2** イ：光害
3 ウ：騒音　　**4** エ：コンパクトシティ構想

26 交通と環境問題

頻出度
★★☆

11 まちづくり　13 気候変動

車社会における環境問題とその対策について理解しましょう！

■交通に伴う環境問題

　交通に伴う環境問題として、自動車の排出ガスによる地球温暖化、有害物による健康被害、振動・騒音、使用済み自動車の廃棄などがあります。

　2019年度の日本におけるCO_2排出量は以下の通りで、産業部門に次いで運輸部門が第2位となっています。

① 産業部門34.7%
② 運輸部門18.6%
③ 業務その他部門17.4%
④ 家庭部門14.4%
⑤ その他14.9%

● 輸送量当たりのCO_2排出量（2019年度・旅客）

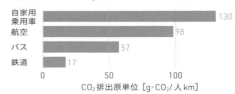

自家用乗用車	130
航空	98
バス	57
鉄道	17

CO_2排出原単位 [g-CO_2/人km]

　自動車の排出ガスには、窒素酸化物（NOx）、硫黄酸化物（SOx）、粒子状物質が含有され、光化学オキシダント（光化学スモッグ）、酸性雨など大気汚染の元凶となっています。そのため、排出ガスの浄化や排出ガスの排出量を減らすことが、大気汚染の防止や地球温暖化の対策に繋がります。

■交通に伴う環境問題の対策

　CO_2削減に有効な交通手段としてモーダルシフトがあります。これはトラックなど自動車による幹線貨物輸送を鉄道や船舶へ切り替えたり、マイカーによる移動をバスや鉄道に切り替えることで、環境負荷を削減する方法です。

　交通手段の対策としては、低燃費車への買い換えやバイオ燃料やカーシェアリングの普及、エコドライブ、自転車の利用、歩くことなどがあります。またパークアンドライドやロードプライシングの導入によって、自動車の利用削

✐エコドライブ
環境負荷に配慮した車の運転のこと。「ふんわりアクセル」「加速や減速の少ない運転」などが推奨されている。

✐パークアンドライド
都心部や観光地に自動車で出かける際、途中で車を置き、電車やバスなど公共交通機関に乗り換えること。

✐ロードプライシング
特定の道路や時間帯に流入する車両に課金すること。

減を図る取り組みも行われています。

道路交通システムの効率化対策ではITS（Intelligent Transport Sysrem：高度道路交通システム）の普及が進んでいます。これは、最先端の情報通信技術を用いて人・道路・車両を情報でネットワークし、交通事故や渋滞などといった道路交通問題を解決することを目的とした新しい交通システムです。カーナビゲーションやETC（自動料金支払いシステム）、安全運転支援など9つの開発分野があります。

また、日本および世界各国でガソリン車からエコカー（電気自動車や燃料電池自動車）へのシフトが進められています。日本は2035年までに、乗用車新車販売で電動車100％を実現することを目標にしています。

問題 **次の文章の（　）に当てはまる語句は何か。**

1 運輸部門は、2019年度のCO_2排出量で（　ア　）番目である。

2 自動車の排気ガスには、窒素酸化物（NOx）、硫黄酸化物（SOx）、（　イ　）などが含まれる。

3 貨物輸送をトラックから船舶へ切り替えたり、人々の日常生活でマイカーによる移動をバスや鉄道に切り替えることで環境負荷を低減する方法を（　ウ　）という。

4 都心部や観光地に自動車で出かける際、途中で車を置き、電車やバスなど公共交通機関に乗り換えることを（　エ　）という。

5 環境負荷に配慮した車の運転のことを（　オ　）という。

6 カーナビゲーションや自動料金支払いシステムなどの9つの開発分野からなる新しい交通システムを（　カ　）という。

7 日本では2035年までに乗用車新規販売の100％を（　キ　）にする目標が掲げられている。

答え
1 ア：2 　 **2** イ：粒子状物質 　 **3** ウ：モーダルシフト
4 エ：パークアンドライド 　 **5** オ：エコドライブ 　 **6** カ：ITS
7 キ：電動車

27

頻出度
★★☆

ヒートアイランド現象

7 エネルギー　11 まちづくり　13 気候変動

■都市の温暖化

地球温暖化による気温上昇以上に進行しているのが、都市の温暖化です。この原因は地球温暖化に加え、ヒートアイランド現象によるものといわれています。

■ヒートアイランド現象の原因と影響

ヒートアイランド現象とは都市部の気温が郊外と比べて高くなる現象で、都市気候の代表例です。ヒートアイランド現象の原因と影響は以下のとおりです。

（原因）

- 人工的な排熱量の増加
  エアコン、電気機器、自動車などの排熱。
- 地表面被膜の人工化
  緑地や水面・農地が減少して熱の蒸散効果が低下し、アスファルトやコンクリートなどの建築物・舗装面が増え、熱が吸収・蓄積。
- 都市形態の高密度化
  建物の密集による風通しの阻害や天空率の低下。

（影響）

- 人の健康面
  熱中症の発症、睡眠の阻害、大気汚染濃度が高まる。
- 人の生活面
  夏季・冬季における冷暖房の消費増や都市型洪水の増加。
- 植物の生息
  春の開花時期の変化や、紅葉時期が遅れる可能性。

ヒートアイランド現象により、真夏日や熱帯夜が増え、局地的集中豪雨が増えて都市型洪水を誘発したり、光化学スモッグの多発などが心配されています。

🖉熱帯夜
夜間の最低気温が25℃以上の日

🖉猛暑日
1日の最高気温が35℃以上の日

🖉真夏日
1日の最高気温が30℃以上の日

🖉夏日
1日の最高気温が25℃以上の日

🖉真冬日
1日の最高気温が0℃未満の日

🖉冬日
1日の最低気温が0℃未満の日

■ヒートアイランド現象の対策

　ヒートアイランド現象への対策には、**緩和策**と**適応策**があります。

　緩和策はヒートアイランド現象の原因となる人工排熱量を削減する対策のことです。例として、建物の省エネルギー推進や交通渋滞の緩和、緑化の推進や地下水涵養の促進などがあります。

　適応策は、ヒートアイランド現象はある程度避けられないという前提で、健康影響などを可能な限り軽減しようとする対策のことです。例として、**緑のカーテン**や、空調機器の室外機から放出される排熱の削減、ミストの噴霧などがあります。

雨水や河川水などが地中に浸透して帯水層に水が供給されること。地下水涵養により、都市型洪水、河川の増水防止のほか地盤沈下の対策としても有効。地中の水分が蒸発する際に潜熱を奪うためヒートアイランド対策にもなる。

涼しく過ごせるクールスポットの創出が効果的です。

3

環境問題を知る

問題　次の文章の（　）に当てはまる語句はなにか。

1 日本全体の平均気温よりも東京など都市部の気温が高いのは、地球温暖化に加え（　ア　）によるものである。

2 ヒートアイランド現象の原因の1つに、エアコン、電気機器、自動車などの人工的な（　イ　）量の増加があげられる。

3 ヒートアイランド現象の緩和策として、（　ウ　）の緩和や（　エ　）の促進などがある。

4 ヒートアイランド現象の適応策として、建物の壁面や窓をツル性の植物で覆って日差しを遮る（　オ　）がある。

5 1日の最高気温が25℃以上の日を（　カ　）という。

6 1日の（　キ　）気温が0℃未満の日を冬日という。

答え
1 ア：ヒートアイランド現象
2 イ：排熱
3 ウ：交通渋滞　エ：地下水涵養
4 オ：緑のカーテン
5 カ：夏日
6 キ：最低

28 化学物質のリスク対策

頻出度 ★★☆

3 保健　12 生産と消費　16 平和　17 実施手段

■ 化学物質が持つ二面性

化学物質は身の回りのものすべてに含まれており、非常に便利な存在です。しかし、原料、生産過程、廃棄において適切な管理を行わないと環境汚染や健康に重大な被害を与えます。

化学物質の環境汚染が世界で知られるようになったのは、**レイチェル・カーソン**の著書「**沈黙の春**」（1962年）の中で、その脅威を著したことがきっかけです。

日本では**カネミ油症事件**が大きな社会問題になりました。この原因物質のPCBは、「**化学物質の審査及び製造等の規制に関する法律（化審法）**」（1973年）により、製造・輸入・使用が原則禁止となりました。

■ 化学物質有害性と環境リスク

殺虫剤のDDTや一部の食品添加物のように、かつては広く使用されていたものでも、有害性から使用が大きく制限されたものがあります。

最近では**揮発性有機化合物（VOC）**などの化学物質が原因となる**シックハウス症候群**が問題視されています。

化学物質の影響を見るには「有害性」と「環境リスク」の2つの側面があります。

有害性とは、化学物質が人や生態系に悪い影響を及ぼす性質のことです。**環境リスク**は、環境（川、大気など）に排出された化学物質が人や生態系に影響を及ぼす可能性のことです。

環境リスクを「**リスク＝有害性（ハザード）×暴露量（摂取量）**」という式で表せば、有害性と暴露（どれだけさらされているか）を評価することでどの程度危険なのか検証することができます。これが**リスクアセスメント（リスク評**

沈黙の春
米国の州当局によるDDT（農薬、殺虫剤）などの合成化学物質の散布によって環境が汚染されるとして警鐘を鳴らした。

カネミ油症事件
国内最大級の食品公害。1968年、カネミ倉庫製の食料油を摂取した人に黒い吹き出物をはじめ、神経、関節、呼吸器などに様々な症状が出て、西日本一帯の1万4千人余りの人々が健康被害を受けた。油の製造過程で混入したポリ塩化ビフェニル（PCB）が加熱され生じたダイオキシン類が主原因とされる。

暴露量
呼吸、飲食、皮膚接触などの経路で取り込んだ化学物質の量。

価）です。日本では、特定化学物質を扱う事業者に対して、リスクアセスメントの実施が義務づけられています（労働安全衛生法）。

■化学物質管理の国際動向

化学物質のリスクを管理するために、国際的な対策をはじめ、法規制や企業の自主的な取り組みも進んでいます。

有害化学物質の名称と、それにまつわる国際動向・規制を理解しておきましょう。

1. WSSD2020目標

2002年にヨハネスブルクで開催された**持続可能な開発に関する世界首脳会議（WSSD）**では、化学物質の管理に関する国際的な取り組みが審議されました。化学物質が人の健康と環境にもたらす悪影響を最小化する方法での使用と生産を2020年までに達成することを目指す**「WSSD2020年目標」**が合意されました。

この目標達成に向けて、2006年に**「国際的な化学物質管理のための戦略的アプローチ」（SAICM）**が採択され、各国で化学物質の管理施策が進んでいます。

2. POPs条約

PCBやDDT等の残留性有機汚染物質（POPs）の製造・使用・輸出入の禁止・制限を国際的に取り決めた条約です。これらの物質を含む廃棄物の適正処理についても規定しています。

POPs条約
2022年7月時点で特に優先して対策を取らなければならない物質（製造・使用・輸出入の原則禁止）として28物質が指定されている。

3. 水銀に関する水俣条約

水銀による人の健康や環境へのリスク低減のために、水銀の産出・使用・環境への排出・廃棄、貿易に至るライフサイクル全般にわたる包括的な規制を定めた条約です。水俣病を経験した日本が主導して2017年8月に発効しました。

4.REACH規則

2002年のWSSDで合意された「WSSD2020年目標」を
うけて2007年にEUで導入された規則です。EU圏内で年
間1トン以上の化学物質を生産・輸入する事業者に対し、
扱うすべての化学物質の申請・登録を義務づけました。こ
れにより、我が国の部材などを供給する中小・中堅企業で
もこれら化学物質の情報開示が求められています。

5.レスポンシブル・ケア活動

化学物質を扱う企業が化学物質の開発、製造、配送、
使用、廃棄、リサイクルの各工程において自主的に環境保
全と安全、健康を確保し、活動成果を公表する活動です。

■ 日本における化学物質の法律

日本ではダイオキシン類対策特別措置法、PCB措置法、
農薬取締法、労働安全衛生法など、法律で化学物質のさ
まざまな管理が行われています。

① 化審法（化学物質の審査及び製造等の規制に関す
る法律）
ポリ塩化ビフェニル（PCB）による環境汚染を契機
に、1973年に制定されました。化学物質のリスク
に応じて、製造・輸入・使用などの規制を行います。
② 化管法（化学物質排出把握管理促進法）
PRTR制度、SDSの報告を義務づけることにより、
事業者に自主的な管理を促します。

■ 化学物質のリスクコミュニケーション

管理の必要性や方法などについては、関係者同士で情
報共有や相談することが大切です。市民や企業、行政、専
門家などが化学物質のリスク情報を共有し、意見交換な
どによりリスクを低減していく試みを**リスクコミュニケー
ション**といいます。例として、近隣住民による工場見学会
や住民説明会などがあります。

必要なデータが登録・評価・認定されていない化学物質は、製造や供給ができません。

ごみの焼却などで発生するダイオキシン類は、発がん性や生態系への悪影響があるとされています。

✍ PRTR（Pollutant Release and Transfer Register）制度
事業者が「第一種指定化学物質（2020年6月現在462物質）」の環境中への排出、移動量を自ら把握して、国に報告する制度。

✍ SDS（Safety Data Sheet）
個別の化学物質について安全性や毒性に関するデータ、取り扱い方、救急措置などの情報を記載したもの。

次の文章の（　）に当てはまる語句はなにか。

1 化学物質のリスク評価とは、（　ア　）と（　イ　）を掛け合わせたものである。

2 ごみの焼却などの際に発生する（　ウ　）は強毒性を持ち、発ガン性、生態系への悪影響があるとされている。

3 （　エ　）は、化学物質がどのくらい事業所外に運び出されたか自らデータを収集し、国に報告する制度。

4 （　オ　）は、EUで2007年発効し、既存化学物質を含むすべての化学物質の安全性評価を強化する目的の規則である。

5 ポリ塩化ビフェニル（PCB）は、1968年に食用油製造業で起こった（　カ　）事件をきっかけに、製造・輸入・使用が禁止された。

6 市民や企業、行政、専門家などが化学物質のリスク情報を共有し、意見交換などによりリスクを低減していく試みを（　キ　）という。

7 WSSD2020年目標を実現するために、2006年に採択された化学物質管理のための国際的な戦略アプローチを（　ク　）という。

8 個別の化学物質について安全性や取扱いなどの情報を記載したものを（　ケ　）という。

9 （　コ　）は、PCBやDDT等の残留性有機汚染物質（POPs）の製造・使用・輸出入の禁止・制限を国際的に取り決めている。

1 ア：有害性（ハザード）　イ：暴露量（摂取量）
2 ウ：ダイオキシン類
3 エ：PRTR制度
4 オ：REACH規則
5 カ：カネミ油症
6 キ：リスクコミュニケーション
7 ク：SAICM（国際的な化学物質管理のための戦略的アプローチ）
8 ケ：SDS
9 コ：POPs条約

29
頻出度
★★☆

災害廃棄物と放射性廃棄物の対処

3保健 6水・衛生 9産業革新 11まちづくり 12生産と消費

■ 震災と原発事故による環境問題

2011年3月11日に発生した**東日本大震災**は、深刻な人的・物的な被害をもたらしました。

特に**東京電力福島第一原子力発電所事故**によって、大量の放射性物質が施設外に放出され、広範囲にわたって汚染が広がったことは日本における最大の環境汚染問題となりました。

■ 原発事故による放射性物質の放出

福島第一原子力発電所では大震災によって、すべての電源が喪失されて原子炉の冷却が制御不能に陥り、1〜3号機のすべてが**メルトダウン**しました。その結果、放射性物質が広範囲に飛散しました。

原子力発電所の施設外へ放出された放射性物質による環境汚染は、**国際原子力事象評価尺度（INES）**では最大の**レベル7（深刻な事故）**となっており、これは1986年のチェルノブイリ原子力発電所事故に次ぐ2例目となりました。

■ 放射線物質による環境汚染

福島第一原子力発電所からの放射性物質による環境汚染は、従来の環境行政の範囲外に位置するものでした。

2011年8月、**放射性物質汚染対処特措法**が成立し、警戒地域、計画的避難区域に指定された地域は除染特別区域国が直接除染対策を実施することになりました。**汚染状況重点調査地域**に指定された地域は、市町村が除染対策を実施し、国が支援することになりました。

放射線被ばくには**外部被ばく**と**内部被ばく**があります。外部被ばくは、地表や空気中に存在する放射性物質から

📖 **放射線**
Sv（シーベルト）は、放射線による物理的なエネルギーの強さを表すGy（グレイ）に、人体への影響の度合いを加味した単位。
Bq（ベクレル）は、放射線を出す能力（放射能）の単位。
1Bqは、1秒間に1回放射性物質が崩壊することを意味する。

放射線を受けることです。内部被ばくは、食事や呼吸、皮膚からの吸収などによって放射性物質が体内に取り込まれることを指します。

大震災の事故直後、大気中に放射性物質を含んだ空気塊（放射性プルーム）が通過した地域では、これらの放射線被ばくを防ぐことが重要となりました。

■ 災害廃棄物の処理

東日本大震災による災害廃棄物量は、東日本13道県の合計で2,012万トンとなりました。これは日本全国の一般廃棄物の年間発生量の半分弱にあたります。

被災地で処理しきれない災害廃棄物を県外で処理することを「広域処理」といい、岩手、宮城両県については処理計画に組み入れられました。

福島県は広域処理が適用されておらず、「警戒区域」「計画的避難区域」内の災害廃棄物は、「放射性物質汚染対処特措法」における「対策地域内廃棄物」に該当するため、国による直轄処理が適用されています。

2011年8月には「東日本大震災により生じた災害廃棄物の処理に関する特別措置法」が公布・施行されました。この法律では市町村長の要請により国が廃棄物処理の代行をしたり、費用を一部負担したりすることが定められています。

放射性物質により汚染された廃棄物は、1kgあたりの放射能値によって、処理方法が区分されています。8,000Bq/kgを超える廃棄物は「指定廃棄物」と呼ばれ、国が直轄で処理することとされています。

なお、2015年には自治体などの災害廃棄物対策を支援するため、行政、事業者、専門家などで構成された災害廃棄物処理支援ネットワーク（D.Waste-Net）が組織されました。

南海トラフや、首都直下型地震等、巨大災害への備えの具体化が重要な課題となっています。

3

環境問題を知る

📝災害廃棄物の処理
通常、災害廃棄物は一般廃棄物として市町村が処理を行う。東日本大震災における被害は甚大で、かつ市町村の行政機能も損なわれていたため、処理を県に委託した自治体が多かった。

■ 放射性廃棄物質

放射性廃棄物は原子力発電や医療における放射線治療などから発生します。

原子力発電所の放射性廃棄物には、使用済み核燃料、保守作業で使用した衣服や道具、それらの除染に用いた水などがあります。さらに施設の廃炉、解体でも放射性廃棄物が発生します。

日本では、放射性廃棄物は放射能のレベルに応じて、**低レベル放射性廃棄物**と**高レベル放射性廃棄物**に分けられます。

・低レベル放射性廃棄物

低レベル放射性廃棄物は放射能のレベルによって、浅い地中に**直接埋めたり**、あるいは50〜100m地下のコンクリートの囲いの中へ埋める「**中深度処分**」などの方法で処分される。

・高レベル放射性廃棄物

燃料の再処理工程（核燃料サイクル）で出た高い放射能レベルの放射性廃棄物は、特別な容器に入れて、地下数100mの地中に埋設する「**地層処分**」で処分される。

日本では、2000年に**原子力発電環境整備機構**が設立され、高レベル放射性廃棄物の地層処分候補地を公募で探してきました。2017年には、地層処分に関係する地域の科学的特性を整理し、調査対象となりうる地域を示した「**科学特性マップ**」を作成しました。

しかし、超長期の安全性について根強い疑問の声があり候補地確保は難航しています。

地層処分の実施には100年程度を必要とするなど長期にわたってリスクがあります。私たちは将来世代に重い負担を残さないことが重要です。

🖉 **使用済み核燃料**
使用済み核燃料は、原子力関連施設のプールで貯蔵・管理されている。各施設で貯蔵しておける管理容量が定められており、2023年現在の貯蔵量の総量は約80％にまで達している。

─《 COLUMN 》────────────────────────

「核燃料サイクル」は実現するのか？

日本のエネルギー政策は、国産資源が乏しいので、使用済み核燃料から再び次の核燃料の原料を取り出す「核燃料サイクル」を長年堅持していますが、「高速増殖炉」や「再処理」には課題が多く、当初の想定通りには実現していません。フランス、ロシア、中国などは、「再処理」方針を出している一方で、アメリカ、フィンランド、スウェーデン、カナダなどは、「直接処分」方針を出しています。イギリスは2018年に再処理工場の操業を終了しました。

現在、使用済核燃料からウランやプルトニウムを取り出す「再処理」工場は、青森県六ケ所村のみであり、地層処分の候補地探しは難航しています。

─────────────────────────────────

問題　**次の文章が正しいか誤りか答えよ。**

1 被災地で処理しきれない災害廃棄物を県外で処理することを「広域処理」といい、岩手、宮城、福島の3県で適用された。

2 高レベル放射性廃棄物は、50〜100ｍ地下のコンクリートの囲いの中に埋めて処分する。

3 2011年に成立した放射性物質汚染対処特措法により、除染特別区域に指定された地域は、都道府県が直接除染対策を実施することとなった。

4 政府が地層処分に関係する地域の科学的特性を整理し、調査対象となりうる地域が科学特性マップに示されている。

5 農作物や水産物に移行した放射性物質が食事よって体内に取り込まれることを内部被ばくという。

答え
1 ×　岩手、宮城の2県である
2 ×：低レベル放射性物質
3 ×：国
4 ○
5 ○

次の文章が正しいか誤りか答えよ。

① パリ協定では、GHGの削減について、法的拘束力を持つ数値目標を締約国に設定している。

② グリーン電力とは、風力、太陽光、バイオマス、小規模水力などの自然エネルギーを利用した電力である。

③ エネルギーの多様化とそれぞれの特性に合わせて利用することを分散型エネルギーシステムという。

④ 動植物から細菌などの微生物に至るまで、いろいろな生物が存在することを「遺伝子の多様性」という。

⑤ ウィーン条約は、二酸化炭素によるオゾン層破壊からオゾン層を保護するために取り決められた条約である。

⑥ 廃棄物処理法により廃棄物は、不燃廃棄物と可燃廃棄物に大別される。

⑦ 家庭で余った食品を福祉施設等へ寄付する活動をフードドライブという。

⑧ 排出者責任とは、製品の生産者がリサイクルしやすいような設計や材質の工夫などし、廃棄後の再資源化や処分に一定の責任を持つことをいう。

⑨ 都市の中心部の気温が高く、等温線で表すと島のように見えることから都市部の熱汚染現象をヒートアイランド現象という。

⑩ PRTRは、個別の化学物質について安全性や毒性データ、取扱い上の注意、救急措置などの情報を記載したものである。

答え
① ×：法的拘束力を持つ数値目標➡自主的に決定する約束
② ○
③ ×：分散型エネルギーシステム➡エネルギーミックス
④ ×：遺伝子の多様性➡種の多様性
⑤ ×：二酸化炭素➡フロンガス
⑥ ×：不燃廃棄物、可燃廃棄物➡産業廃棄物、一般廃棄物
⑦ ○
⑧ ×：排出者責任➡拡大生産者責任
⑨ ○
⑩ ×：PRTR➡SDS

第4章

持続可能な
社会に向けた
アプローチ

「持続可能な日本社会」の実現に向けた行動計画

■ 公害対策から環境対策へ

1950年代から日本各地で産業公害が発生し、1967年に**公害対策基本法**が制定されました。1992年の地球サミットをきっかけに、地球規模での環境問題がクローズアップされるようになりました。従来の公害対策だけでは対応できないことがわかり、地球環境保全施策を公害対策も含め総合的かつ計画的に推進する目的で、**環境基本法**が1993年に制定されました。

■ 環境基本法の基本理念と主な施策

環境基本法は、日本の環境政策の根幹を成すものです。環境保全の基本理念を定め、国・地方公共団体・事業者・国民の責務を明確にしています。さらに、環境保全に関する施策の基本事項を定めたり、環境影響評価制度の導入や環境教育の推進なども盛り込まれました。

＜環境基本法の基本理念＞
① 環境の恵沢の享受と継承（第3条）
② 環境への負荷の少ない持続的発展が可能な社会の構築（第4条）
③ 国際的協調による地球環境保全の積極的推進（第5条）

■ 環境基本計画の策定

環境基本計画は、環境基本法に基づいて、今後の環境政策を実現させていくための計画のことです。政府の取り組みの方針を国民に示す役割も担っています。

第1次環境基本計画では、環境基本法の理念を実現するための長期的な目標として、「**循環**」「**共生**」「**参加**」「**国際的取組**」の4つを掲げています。

📝**公害対策基本法**
四大公害（水俣病、新潟水俣病、イタイイタイ病、四日市ぜんそく）などに対する公害対策を推進するために制定された法律。環境基本法が公布・施行された1993年に廃止された。

環境基本法では、環境上の条件について望ましい基準を定めています（環境基準）。

📝**環境影響評価（環境アセスメント）制度**
大規模開発を進める際に、環境への影響を事前に調査することによって、事業者自ら予測、評価を行い、その結果を公表し、国民や地方公共団体などの意見を聴いて、環境保全の観点から事業計画を作る手続きのこと。

4つの長期的目標は試験でも問われやすいので覚えておきましょう！

● 環境基本計画の4つの長期的目標

循環	自然界・生態系・経済社会システムにおける健全な物質循環が確保されること
共生	生態系が健全に維持・回復されて、自然と人間の共生が確保されること
参加	お互いに協力したり、連携したりしながら、環境保全の行動や意思決定に参加すること
国際的取組	各国と協調して、地球環境保全のために行動すること

■ 第5次環境基本計画

　第5次環境基本計画（2018年制定）では、SDGsやパリ協定などを踏まえて、<u>環境、経済、社会の統合的向上を具体化し、持続可能な社会の実現を目指す</u>としています。また、地域の活力を最大限に発揮する「<u>地域循環共生圏</u>」の考え方を新たに提唱しました。

✐**地域循環共生圏**
各地域が、美しい自然景観などの地域資源を最大限活用しながら自立・分散型の社会を形成しつつ、地域の特性に応じて資源を補完し支え合うことにより、地域の活力が最大限に発揮されることを目指す考え方。

＜6つの重点戦略＞

- 持続可能な生産と消費を実現するグリーンな経済システムの構築
- 国土のストックとしての価値向上
- 地域資源を活用した持続可能な地域づくり
- 健康で心豊かな暮らしの実現
- 持続可能性を支える技術開発・普及
- 国際貢献による日本のリーダーシップの発揮と戦略的パートナーシップの構築

問題 **次の文章が正しいか誤りか答えよ**

1 1950〜70年代の産業公害に対応するため環境基本法が制定された。

2 環境基本法の環境基準の設定は、環境上の条件について、最低限の基準を定めている。

3 環境基本法の基本理念の一つに、国際的協調による地球環境保全の積極的推進が掲げられている。

4 第1次環境基本計画では、環境基本法の基本理念を実現するため、「循環」「共生」「持続可能性」「国際的取組」の4つを長期的目標として掲げている。

 答え **1** ×：環境基本法➡公害対策基本法　**2** ×：最低限の基準➡望ましい基準
3 ○　**4** ×：持続可能性➡参加

4

持続可能な社会に向けたアプローチ

2 環境保全の取り組みの基本原則

頻出度 ★★☆

■ 基本的原則

環境保全に関する基本的諸原則は以下の通りです。

・**汚染者負担原則**（PPP:Polluter Pays Principle）

汚染防止と汚染除去の費用は汚染者が負担すべきで、税金で賄われるべきでないという考え方。

・**拡大生産者責任**（EPR:Extended Producer Responsibility）

製品の生産者が、その製品が使用され廃棄された後にも、循環的利用や処分について一定の責任を持つという考え方。循環型社会形成推進基本法により、生産者の責任として規定された。この理念に基づき、**家電リサイクル法、自動車リサイクル法、容器包装リサイクル法**などが制定・施行され、特定の製品の生産者企業への廃棄物のリサイクル化が義務づけられた。消費者が製品を買い換える際に使用済み製品を引き取るなど、法的な縛りがない業界や企業でも自主的な取り組みがある。

・**無過失責任**（Strict Liability）

<u>公害による被害などで、故意・過失が認められなくとも、加害者が責任を負わなければならないという考え方。</u>**大気汚染防止法、水質汚濁防止法、原子力損害の賠償に関する法律**などでは、この考えを取り入れた条文が導入されている。

■ 対策実施のタイミング

環境保全のための対策をどのタイミングで行うべきかについては、以下のような原則があります。

・**未然防止原則**

環境への被害が発生する前に防止すべきであるという考え方。

環境保全については、さまざまな原則があります。

🖉 **循環型社会形成推進基本法**
大量生産・大量消費・大量廃棄型の仕組みから抜本的な変革を図るため2000年に制定。この法律では3Rが強調されている。

🖉 **家電リサイクル法**
家電製品の製造・販売事業者等に廃家電製品の回収・リサイクルを義務化。排出者の義務は、排出時の費用負担。

🖉 **自動車リサイクル法**
自動車メーカーにフロン類、エアバッグ、シュレッダーダストのリサイクルを義務化。自動車の保有者が事前に費用負担。

🖉 **容器包装リサイクル法**
容器包装の製造・販売事業者等に分別収集された容器包装リサイクルの義務化。

- **予防原則**

  科学的な確実性がなくても、環境保全の観点において重大な事態を起こす恐れがある場合は、防止策の対象とするという原則。

- **源流対策原則**

  汚染物質の排出口で対策を打つ「エンドオブパイプ型対策」ではなく、製品の設計や製法の段階（源流段階）において、汚染物質をそもそも作らないようにするような対策を優先すべきという考え方。この原則の一例としてReduce（発生抑制）→Reuse（再使用）→Recycle（再生利用）の優先順で3R対策を行うべきという考え方がある。

■ 誰が政策を実施するのか

環境保全のための具体的な活動を行う際のルールとして、以下の原則があります。

- **協働原則**

  公共主体が政策をつくる場合、企画、立案、実行の各段階において、関連する民間の各主体の参加を得て行われなければならないとする原則。

- **補完性原則**

  基礎的な行政単位で処理できる事柄はその行政に任せて、そうでない事柄に限って、より広範囲な行政単位が対応するべきという考え方。

4

持続可能な社会に向けたアプローチ

📝 **エンドオブパイプ型**
有害物質などの「発生源」の時点ではなく、生産活動などの「最後の部分」で管理する規制方法のこと。

「どのタイミングで」「誰が」行うかが重要ですね。

問題　**次の文章が正しいか誤りか答えよ。**

1 大量生産・大量消費・大量廃棄型の社会を変革し、循環型社会の構築を実施するため、環境基本法が制定された。

2 汚染者負担原則とは、汚染の防止と除去の費用は汚染者が負担するべきであるという原則のことである。

3 排出者責任とは、製品の生産者がリサイクルしやすいような設計や材質の工夫などをし、廃棄後の再資源化や処分に一定の責任を持つことをいう。

答え　**1** ×：環境基本法➡循環型社会形成推進基本法
2 ○　　**3** ×：排出者責任➡拡大生産者責任

3 環境政策の指標と手法

頻出度 ★★★

■ 環境基準

環境基準とは、行政上の政策目標で、人の健康を保護し、生活環境を保全するうえで維持されることが望ましい基準として定められたものです。具体的には、典型7公害のうち大気汚染、水質汚濁、土壌汚染、騒音の4種について定めるとしています。この基準は行政が環境基準を達成するために、事業者などに公害防止の施策を講じる目標となるものです。

左の4つと、「振動」「地盤沈下」「悪臭」をあわせて典型7公害といいます。

■ 環境指標

環境指標とは、環境保全の取り組みの度合いを測る尺度のことです。

循環型社会とは、必要最低限の資源・エネルギーを最大限活用し、環境への負荷を最小にする社会のことです。循環型社会を実現するために政府は**循環型社会形成基本計画**を策定しました。循環型社会形成推進基本計画は、**循環型社会形成推進基本法**の理念に基づき、廃棄物とリサイクルの総合的な視点から施策を推進するものです。経済社会におけるモノの流れを把握する物質フロー指標（**資源生産性、循環利用率、最終処分量**）などの数値目標を導入し、国の取り組み、各主体の役割などを定めています。

経済の指標としては、GDP（**国内総生産**）が、各国の経済状態の比較や景気の判断に使用されています。

今後は、持続可能な社会に近づいているかを評価するための「**持続可能性指標**」の開発が課題となっています。

■ 環境政策手法

環境政策の目標を達成するためには、規制的手法、経済的手法、情報的手法などさまざまな手法があります。

🔖 3つの数値目標

「資源生産性」は、いかに少ない資源を効率的に利用しているかを示し、「循環利用率」は、投入された資源のうち、リユース・リサイクルされた率を示す。

[入口] 資源生産性＝GDP（国内総生産額）÷天然資源等投入量

[出口] 最終処分量＝廃棄物の最終埋立量

[循環] 循環利用率＝循環利用量÷総物質投入量

🔖 GDP（国内総生産：Gross Domestic Product）

1年間など、一定期間内に国内で産出された付加価値の総額で、国の経済活動状況を示すもの。

● 環境政策手法

手法	内容	具体例
規制的手法	法的規制によって問題解決を行う	水質汚濁防止法による排水基準 トップランナー制度
経済的手法	インセンティブを付与して、各主体の経済合理性に沿った行動を誘導する	地球温暖化対策税 排出量取引 デポジット制度
情報的手法	製品やサービスなどについて、環境負荷情報の開示や提供を促す	PRTR制度 各種環境ラベル
合意的手法	行政と民間主体、行政と地域住民の間で協定などを結び、事前に合意する	公害防止協定
自主的取組手法	企業や消費者が自主的に問題解決を行う	個別企業の環境行動計画
手続き的手法	企業の意思決定に環境配慮の判断基準を組み込む	環境影響評価制度 ISO14001
支援的手法	支援の対象者が自発的な行動をとるよう教育・学習機会・資金などを提供する	—

■規制的手法

　規制的手法には、行動そのものを規制する行為規制と、環境に及ぼす影響の程度を規制するパフォーマンス規制があります。

・**行為規制**

　環境保全に支障をきたすおそれのある行為自体を規制する。たとえば、国立公園においては優れた自然風景を保護するため、各種開発行為を行う場合は申請や届け出が必要となる。

・**パフォーマンス規制**

　定められた環境パフォーマンス（環境影響の大きさ・環境改善の程度）のレベルを確保する方法。たとえば、**トップランナー制度**は、ある製品群中で一番性能の良いものをトップ基準とし、他の製品もこの基準を達成するように事業者の取組を促進するもの。

■経済的手法

　経済的手法には、負担を求める措置と、助成を行う措置があります。

トップランナー制度
さまざまな製品の省エネ性能をカタログに表示することを義務化し、トップランナー（現在、商品化されている製品のうち、最も省エネ性能が優れている機器のこと）を明らかにし、お互いの競争を促すことによって、社会全体の省エネを実現しようとする制度。

トップランナー制度を施行するには、常に環境影響のレベルを測定し続ける必要があります。

● 経済的手法

項目	内容
経済的負担措置	環境税、炭素税、排出課徴金、製品課徴金、ごみ有料化、ロードプライシングなど
経済的助成措置	補助金、税制優遇、再生可能エネルギー固定価格買取制度など
デポジット制度	製品価格に預託金を付与し販売する。使用後製品が回収された場合に、預託金を返却することで消費者の回収意識向上を図る制度
排出量取引制度	汚染物質（たとえばCO_2）の排出枠を設定し、一定量の排出ができる権利を割り当て、市場での取引を認め、排出量削減を行う制度

●排出量取引

排出量取引とは、温室効果ガスの削減を達成した企業と、削減が不十分の企業との間で排出の権利を取引する制度です。排出量取引には次の2つがあります。

①**キャップアンドトレード** …… 国や自治体が各企業の排出枠を定め、企業間での排出量の移転を認める制度

②**ベースラインアンドクレジット** ……排出量削減の活動を実施し、活動がなかった場合と比べた排出量削減量をクレジットとして認定し、これを取引する制度

排出量取引は試験で問われやすいので覚えておきましょう。

■ 情報的手法

環境保全活動に積極的な事業者や、環境負荷の少ない製品を選択できるように、情報の公開を進める手法です。情報とは、製品に関する環境情報を公開するものと、事業活動に関する環境情報を行政が社会に対して公開するものがあります。

- **事業活動に関する環境情報**：化学物質排出把握管理促進法（化管法：PRTR制度）が該当
- **製品に関する環境情報**：化管法などにおいて一定の化学物質についてSDS（化学物質安全性データシート）とともに譲渡することを義務づけていること。またエコマーク制度や環境ラベルも、製品に関する環境情報を提供する役割がある。

エコマーク制度
「生産」から「廃棄」にわたるライフサイクル全体を通して環境への負荷が少なく、環境保全に役立つと認められた商品につけられる環境ラベル。

■その他の手法

その他の手法として以下があります。

・**合意的手法**

例えば行政と住民が事前の合意により、責任と責務を
もって合意内容を実行するもの。公害防止協定、緑地
協定、地球環境保全協定などがある。

・**自主的取組手法**

事業者が努力目標を掲げて対策を実施し、目的を達成
する手法。

・**手続き的手法**

各主体が意思決定のプロセスにおいて、環境配慮の判
断を行う手続きと、環境配慮の判断基準を組み込んで
いく手法。環境影響評価、PRTR制度なども該当す
る。

・**支援的手法（教育的手法）**

教育・学習の機会を提供したり、活動団体などに情報
提供や資金提供などの支援をする手法。

たくさんの手法が出
てきましたね。それ
ぞれの手法と具体的
な内容を整理してお
きましょう！

4

持続可能な社会に向けたアプローチ

問題 　　**次の文章が正しいか誤りか答えよ**

1 環境基準は、典型7公害 のうち大気汚染、水質汚濁、土壌汚染、振
動について定められている。

2 パフォーマンス規制のひとつであるトップランナー制度は、環境へ
の影響レベルを測定し続けなければならないため、行動規制よりも
施行にかかる費用が高くなる。

3 飲料容器を指定場所に戻した場合に、製品価格にあらかじめ付与さ
れていた預託金を返却することで消費者の回収意識向上を図ること
をキャップアンドトレード制度という。

4 エコマークは、「生産」から「廃棄」にわたるライフサイクル全体を通
して環境への負荷が少なく、環境保全に役立つと認められた商品に
つけられる環境ラベルである。

答え 　**1** ×：振動➡騒音　　**2** 〇
　　3 ×：キャップアンドトレード制度➡デポジット制度　　**4** 〇

4 環境教育・環境学習

頻出度
★★★

4 教育

■環境教育の目的

持続可能な社会の実現のためには、各主体が環境意識を高め、自主的・積極的に行動を起こしていく必要があります。そのための教育が ESD（Education for Sustainable Development：持続可能な開発のための教育）です。

一人ひとりの行動の変革が重要です。

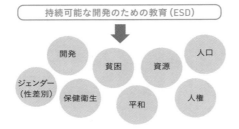

持続可能な開発のための教育（ESD）

開発　貧困　資源　人口
ジェンダー（性差別）　保健衛生　平和　人権

1972 年の国連人間環境会議で採択された「人間環境宣言」では、環境教育の重要性が強調されました。続く1975 年に採択されたベオグラード憲章で、環境教育の目的や内容を明確にし、さらに 1997 年には、環境教育世界会議において ESD の考え方が**テキサロニ宣言**に盛り込まれました。

この教育への取り組みと国際協力を積極的に推進するために、2002 年のヨハネスブルグサミットでは、「**ESD の10 年**（持続可能な開発のための教育の 10 年）：2005—2014」が国連に提案され、実施されました。その後も環境教育・環境学習を中心とする ESD の推進が図られ、2015 年からは**行動プログラム（GAP）**が、2020 年からはSDGs の達成期限へ向けた「**ESD for 2030**」がそれぞれ後継として策定されました。2021 年にはドイツで ESD 世界会議が開催され、「ESD に関するベルリン宣言」が採択されました。

🖉 **持続可能な開発**
環境と開発に関する世界委員会（ブルントラント委員会）による最終報告書「我ら共有の未来」の中で、「持続可能な開発」とは「将来の世代のニーズを満たす力を損なうことなく、現在世代のニーズを満たす開発である」と定義した。

「ESD の 10 年」は、日本の市民と政府が共同発案したものです。

■日本における環境教育

環境基本法にも環境教育の条文が盛り込まれ、2011年には**環境教育等促進法**が成立しました。

学校教育においても環境教育は積極的に進められ、また、環境教育、環境学習の指導者育成の認定登録制度が設けられました。ESDを展開していくために、様々な主体が参加できる全国的なネットワークとその支援体制の整備が求められました。文部科学省と環境省は、ESD活動支援センターや地方ESD活動支援センターを設置し、ESD推進ネットワークの拡充・強化に取り組んでいます。

🖉 **ESD推進ネットワーク**
持続可能な社会の実現に向けて、ESDに関わるマルチステークホルダーが、さまざまなレベルで分野横断的に協働・連携して、ESDを推進することを目的とする。「ESD活動支援企画運営委員会」「ESD活動支援センター」「地方ESD活動支援センター」「地域ESD活動推進拠点」から構成される。

─《 COLUMN 》─

リカレント教育が求められてくる

わが国では、人生100年時代となり、学校で学び、社会で働き、引退して余生を過ごすという画一的な人生設計から多様な人生設計へのライフシフトが求められています。加えて、AI等の普及により、キャリアの途中でスキルチェンジが求められるケースが増えることが予想されています。

問題 次の文章が正しいか誤りか答えよ。

1 持続可能な開発のための教育という考え方は、ベオグラード憲章の中で初めて盛り込まれた。

2 「持続可能な開発のための教育（ESD）の10年」は、2002年に南アフリカで開催されたヨハネスブルグサミット（持続可能な開発に関する世界首脳会議）で、日本の市民と政府が共同提案したものである。

3 「ESDの10年」の後継として2020年から実施されたのは行動プログラム（GAP）である。

4 環境教育等促進法では、環境教育の指導者の育成に関する認定登録制度について明記されている。

5 文部科学省や環境省は、ESD推進ネットワークを強化するため、ESD活動支援センターを設置している。

答え **1** ×：ベオグラード憲章➡テサロノキ宣言
2 ○　**3** ×：行動プログラム（GAP）➡ESD for 2030　**4** ○　**5** ○

5
頻出度
★★☆

環境アセスメント制度
（環境影響評価）

16平和　17実施手段

■ 環境アセスメント（環境影響評価）とは

環境アセスメント（環境影響評価）は、道路、ダム、発電所、飛行場、鉄道などの公共事業や大規模な開発を開始する前に、自然環境への影響を調査および評価し、環境影響を低減させるための仕組みです。結果を公表し、国民や地方公共団体などの意見を聴いて、環境保全の観点から事業計画を作ります。

その環境アセスメントを円滑に実施するために環境影響評価法が1997年に成立し、1999年に施行されました。これに前後して地方自治体では、条例により、環境影響評価法では対象外になっている事業を対象としたり、環境要素の拡大、事後調査の義務づけなどを含む独自の環境影響評価制度を定めています。

環境影響評価法では、事業規模によって次の2つを定めています。

・第一種事業

規模が大きく、環境に影響を及ぼす可能性がある事業。アセスメントは必須。

・第二種事業

第一種に準ずる事業。アセスメントは個別に判断するため、**スクリーニング**（ふるい分け）を行う。

環境影響評価法の施行前は、公害、自然環境の保全に対する予測、評価は網羅的でしたが、法の施行後は、自然環境の良好状態の保持、生物の多様性の確保および自然環境の体系的保全、人と自然との触れ合い、環境への負荷の中から対象事業の性質に応じて適切な要素を選ぶ手続きが取られてきています。

2011年4月の法改正で、環境配慮の視点から柔軟に行

環境影響評価法
同法では環境アセスメントの対象として13事業と港湾計画を定めている。

地方自治体のアセスメント
地方自治体の環境アセスメント制度は、1976年に川崎市で最も早く制定されたのを始めに各県や都市で制度化が図られ、全国へ広がった。国の制度に比べて、地域の実状にあった独自条例である点が特徴的である。

われる評価の仕組みとして**戦略的環境アセスメント（SEA）**の考え方が導入されました。これはより効果的な環境アセスメントを行うため、通常の環境アセスメントに比べ、政策決定段階や事業の適地選定などの構想段階で行われるものです。戦略的環境アセスメントは、国よりも地方自治体で先行しており、独自のアセスメント制度を設けている所があります。

🖉 SEA
Strategic Environmental
Assessment の略。

● 環境アセスメント手続きの流れ

配慮書（計画段階配慮事項の検討結果）

対象事業に係る計画策定

方法書（評価項目・手法の選定）

スコーピング手続き（住民・知事等意見）

準備書（環境アセスメント結果の公表）

評価書（環境アセスメント結果の修正・確定）

許認可等・事業の実施

報告書（環境保全措置等の結果の報告・公表）

問題　**次の文章が正しいか誤りか答えよ。**

1 環境アセスメントにおいて、環境への影響の調査、予測、評価は、開発地域を管轄する市町村が行う。

2 ダムの建設は環境アセスメントの対象となる13事業に含まれる。

3 第一種事業として定める基準には「建設費総額」と「環境影響の著しさ」がある。

答え　**1** ×：開発地域を管轄する市町村➡開発事業を実施する事業者
2 ○　　**3** ×：建設費総額➡事業規模

6 国際社会の中の日本の役割

頻出度 ★☆☆

16平和 17実施手段

■国際社会における日本の役割

日本の人口は1.2億人あまりで、世界の人口の1.6%ですが、経済活動面では世界のGDPの約4.7%に相当しており、地球環境へ負荷を与えているといってよいでしょう。

日本はエネルギー資源と食料の海外依存度が大きく、地球環境や情勢が健全な状態であるからこそ、豊かな経済社会活動を営むことができるのです。

日本は研究開発能力や資金力があるため、次のことが求められています。

- 国際的な政策の枠組みづくりへの取り組みと貢献
- 開発途上国への援助など、国際協力の推進
- 科学技術における開発面での国際貢献の推進
- 日本自らの環境負荷の小さい持続可能な社会経済の実現

■開発途上国への支援

日本のODA（政府開発援助）の実績の中で、開発途上国への支援における環境分野でのODAは、世界第1位となっています（2016年〜2017年平均で約83億ドル）。環境分野の支援に重点が置かれていることがわかります。

■持続可能性を図るさまざまな指標

持続可能性の進捗状況について、さまざまな評価指標の研究が国連などで進められています。

エコロジカル・フットプリント（Ecological Footprint）は、人間活動が地球環境に与えている負荷を計る指標です。人間1人の生活の維持に必要な食料や物を生産するときに使われる土地および水域を面積で表した数値で、値

世界の人口は2022年11月に80億人に達しました。

日本のエネルギー自給率は11%（2020年）と、諸外国と比較しても大変低い水準です。

日本の食料自給率は、カロリーベースで約40%（2018年）。先進諸国で最下位です。

ⓐ ODA
開発途上国の経済や社会の発展、国民の福祉向上や民生の安定に協力するために行われる政府または政府の実施機関が提供する資金や技術協力。

は低いほど望ましいとされています。

　日本人1人当たりのエコロジカル・フットプリントは2018年時点で、4.6gha（グローバルヘクタール）で、G7の中では最も低いです。しかし全体的に先進国の数値は大きく、途上国は小さくなっており、日本を含む多くの先進国は高い環境負荷を与える消費を行っているといえます。

世界平均は1.7gha です。

2018年時点、世界のエコロジカルフット・プリントは地球1.7個分に相当すると算定されています。

　例えば、世界中のあらゆる人がアメリカやアラブ首長国連邦の平均的な暮らしをすると仮定すると、人類の消費とCO_2排出をまかなっていくためには地球5個以上の生物生産力が必要とされるといわれています。

　日本人と同じ生活をした場

● 地球は何個必要？

アメリカ	5.0
日本	2.8
中国	2.2
インド	0.7
世界	1.7

出典：グローバルフットプリント・ネットワーク , NFA2018 を基に著者作成

合は、地球が2.8個必要です。逆に、あらゆる人がインドの平均的な暮らしをすると、人類が利用する生物生産力は地球1個に満たないといわれています。

  問題　**次の文章が正しいか誤りか答えよ。**

1 人間の活動が自然環境に与えている負荷を陸海面積で表した指標をエコロジカル・フットプリントという。

2 エコロジカル・フットプリント値は、先進国ほどその数値が小さく、途上国は大きくなっている。

答え
1 ○
2 ×：先進国ほど大きく、途上国は小さい

次の文章の（　）にあてはまる語句は何か

① 大量生産・大量消費・大量廃棄型の社会を変革し、循環型社会の構築を実施するため2000年6月に（　ア　）が制定された。

② 環境基本法の基本理念には、「環境の恵沢の享受と継承」「環境への負荷の少ない（　イ　）が可能な社会の構築」「（　ウ　）による地球環境保全の積極的推進」が掲げられている。

③ 環境への被害が発生する前に防止すべきであるという考え方を（　エ　）という。

④ （　オ　）とは、生産者が廃棄された後までの責任を持つことで、製品設計において環境に対する配慮を取り込む必要がある。

⑤ 公共主体が政策をつくる場合、企画、立案、実行の各段階において、関連する民間の各主体の参加を得て行われなければならないとする原則を（　カ　）という。

⑥ 環境手法のうち、自動車の排ガスに基準を設定し、基準を満たさない自動車の使用を禁止する手法を（　キ　）手法という。

⑦ 消費者の回収意識向上を図るため、製品価格に預託金を付加し販売する制度を（　ク　）という。

⑧ 排出量削減の活動を実施し、活動がなかった場合と比べた排出量削減量をクレジットとして認定し、これを取引する制度を（　ケ　）という。

⑨ （　コ　）とは、道路、ダムなど大きな事業に対して事前に環境への影響を調査・予測・評価し、公表する手続きをいう。

⑩ 環境影響評価法の（　サ　）は、規模が大きく、環境に多大な影響を及ぼす可能性がある事業を指し、アセスメントは必須である。

⑪ （　シ　）は、通常の環境アセスメントに比べ、政策決定段階や事業の適地選定などの構想段階で行われる。

答え
① ア：循環型社会形成推進基本法　　② イ：持続的発展　ウ：国際的協調
③ エ：未然防止原則　　④ オ：拡大排出者責任
⑤ カ：協働原則　　⑥ キ：規制的
⑦ ク：デポジット制度　　⑧ ケ：ベースラインアンドクレジット制度
⑨ コ：環境アセスメント　　⑩ サ：第一種事業
⑪ シ：戦略的環境アセスメント（SEA）

第 **5** 章

各主体の役割・活動

1

各主体の役割・分担と参加

■ あらゆる主体のパートナーシップ

環境問題の解決に向けて取り組み、持続可能な社会を築くためには、社会のすべての人々がその解決を担うことが求められます。第5次環境基本計画では、環境政策における6つの重点戦略を掲げており、その推進のためには各主体による環境情報の提供と実施段階におけるパートナーシップの強化が不可欠としています。

私たちが環境保全や持続可能な社会づくりの政策過程において、参加できる制度には次のようなものがあります。

・**情報公開制度**

国の行政機関または独立行政法人等に対して、誰でも行政文書・法人文書の開示請求ができる。

・**パブリックコメント制度**

行政機関が政策立案を決定するのに際して、その案を公表し、広く国民から意見や情報を募集し、政策に反映させる制度。

・**環境アセスメント制度**

大規模な開発を開始する前に事業者自らが、自然環境への影響を調査・予測・評価し、環境影響を低減させるための仕組み。

・**参加型会議**

社会的問題について、問題当事者と、市民などのステークホルダーの参加により、対話を通じて意見の一致点や相違点を洗い出し、可能な限りの合意点を見出そうとする会議。

🖉 第5次環境計画の6つの重点戦略

・持続可能な生産と消費を実現するグリーンな経済システムの構築
・国土のストックとしての価値向上
・地域資源を活用した持続可能な地域づくり
・健康で心豊かな暮らしの実現
・持続可能性を支える技術開発・普及
・国際貢献による日本のリーダーシップの発揮と戦略的パートナーシップの構築

SDGsのゴール17でも、「グローバル・パートナーシップを活性化する」ことを掲げています。

関心のある分野の取り組みについて調べたり、地域の活動に参加してみるのもよいでしょう。

環境基本法では、環境保全の基本理念を定め、国、地方公共団体、事業者、国民（市民）の責務を明らかにしています。そして、環境の保全に関する行動がすべての者の公平な役割分担の下に自主的かつ積極的に行われるべきであるとしています。環境基本法が定める各主体の役割には次のようなものがあります。

📝 **環境基本法の基本理念**
① 環境の恵沢の享受と継承
② 環境への負荷の少ない持続的発展が可能な社会の構築
③ 国際的協調による地球環境保全の積極的推進

● 環境基本法が規定する主体別の役割

主体	役割
国	・基本的、総合的施策の策定と推進 ・事業の実施
地方公共団体	・条例による地域の枠組みづくりと事業の実施
事業者	・環境を配慮した原材料の調達 ・事業活動における環境対策の実施 ・廃棄における環境負荷の低減など
国民・市民	・日常生活における環境汚染の低減 ・国・自治体の請託への協力

問題　**次の文章の（　）に当てはまる語句はなにか。**

1 行政機関が政策立案の決定に際して、その案を公表し、広く国民から意見や情報を募集し、政策に反映させる制度を（　ア　）という。

2 社会的問題について、ステークホルダーや市民との対話を通じて可能な限りの合意点を見出そうとする会議を（　イ　）という。

3 大規模な開発を開始する前に事業者自らが、自然環境への影響を調査・予測・評価し、環境影響を低減させるための仕組みを（　ウ　）という。

4 持続可能な社会の実現には各主体の連携が不可欠であり、SDGsのゴール17では（　エ　）の推進を掲げている。

5 （　オ　）法では、環境の保全について、国や地方公共団体、事業者、国民の責務を掲げている。

答え
1 ア：パブリックコメント制度
2 イ：参加型会議　　**3** ウ：環境アセスメント制度
4 エ：グローバル・パートナーシップ　**5** オ：環境基本

2 国際社会・国・地方公共団体の取り組み

頻出度
★★★

16 平和　17 実施手段

■国際連合（国連）の取り組み

国連は持続可能な開発に向けて中心的な役割を果たし、その補助機関や専門機関などで構成されています。環境に関連した国際機関として以下のものがあります。

● 主な環境関連の国際機関

	機関名	概要
国連の補助機関	国連環境計画（UNEP）	・環境政策の調整、環境状況の監視・報告 ・環境技術の普及など
	国連開発計画（UNDP）	・途上国への技術協力
国連の専門機関	国際食糧農業機関（FAO）	・農薬の安全性、農作物の遺伝資源の利用と保全 ・森林資源、漁業資源の利用と保全
	国際海事機関（IMO）	・船舶からの海洋汚染防止に関する条約の制定
	世界気象機関（WMO）	・IPCC を UNEP と共同で運営
	世界保健機関（WHO）	・化学物質のリスク評価を実施
	国連教育科学文化機構（UNESCO）	・自然環境に関する国際的な研究の推進
	世界銀行（IBRD）	・気候変動対策や生物多様性保全のための資金提供（途上国が対象）
その他の国際機関	経済開発協力機構（OECD）	・政策提言やレビューを実施 ・汚染者負担原則、拡大生産者責任などを提言
	地球環境ファシリティ（GEF）	・途上国などへの地球環境問題への取り組み資金の援助
	気候変動に関する政府間パネル（IPCC）	・気候変動に関する科学的知見についての国際アセスメントの実施
	国際自然保護連合（IUCN）	・半官半民の自然保護を目的とした国際的な団体。レッドリストなどの基準を作成

■国の取り組み

環境問題解決の取り組みには、**立法（国会）**、**行政**、**司法（裁判所）** がそれぞれの役割を担っています。

●国会の役割

国会では、持続可能な社会の実現へ向けて最も重要な**法律**を定めるほか、環境保全の予算策定や環境関連の条約の**批准**も行います。

国会で提出された法案は審議、議決されると、法律として成立し、広報などの準備を経て施行されます。

●行政機関の役割

環境問題は広範囲にわたる府省が関わっています。

その中心となるのは環境省ですが、経済産業省、農林省、国土交通省、文部科学省など、多くの政府機関も取り組んでいます。

また、専門性が高い分野では、政府の他の機関から独立した委員会が設置されています。**原子力規制委員会**は福島第一原子力発電所事故を背景に設置され、原子力の安全管理や規制を担っています。**公害等調整委員会**は、公害に関わる紛争の調停や裁定を行います。

また個別の事業の質を高め、効率性や透明性の向上を図るために**独立行政法人**が設置されています。

●裁判所の役割

裁判所は国民と事業者、国民と政府間の紛争について、独立した立場で法律に基づいて判断を下しています。

四大公害裁判をはじめ、大気汚染やアスベスト訴訟などの裁判は政府の施策の進展に大きな影響を与えました。

■地方自治体の取り組み

廃棄物や生活排水などの環境問題は私たちの日常生活でも生じています。

国の定めた政策や規制について、その規制の権限は地方

📖**原子力規制委員会**
2011年3月11日に発生した東京電力福島原子力発電所事故をふまえ、二度と同じような事故を起こさないよう、原子力の安全管理を立て直すために設置された。

📖**公害等調整委員会**
主な任務は以下の2つ。
(1) 調停や裁定などによって公害紛争の迅速・適正な解決を図ること
(2) 鉱業、採石業又は砂利採取業と一般公益等との調整を図ること

📖**独立行政法人**
環境分野では国立環境研究所、ぜんそくやアスベスト疾患の患者への医療費などの支給、NGO助成などを行う環境再生保全機構などがある。

四大公害裁判は、いずれも原告の全面勝訴となりました。

自治体に委ねられており、必要に応じて規制を強化することができます。自治体による先駆的な取り組み例として、東京都は2008年に東京都環境確保条例を改正し、温室効果ガスの国内排出量取引を行っています。この独自のキャップアンドトレード型排出量取引制度では、第3計画期間（2020～2024年）において、エネルギー使用量が原油換算1500kl以上の事業所（約1300か所）を対象に25～27%の削減義務化を制定しています。

また、ほかの例として、東京都・神奈川県・千葉県・埼玉県が導入したディーゼル車についての粒子状物質規制は、粒子状物質の排出基準を満たさないディーゼル車の都県内への流入を禁止し、大きな成果をあげています。

2018年から内閣府は、SDGsの理念に沿った統合的取組をしている自治体を「SDGs未来都市」として選定しています。2022年度までに154都市が選定されました。また、地域特性を活かして脱炭素や地域循環共生圏などの取り組みも進められています。

条例と協定
条例は、国が制定する法律に対応し、自治体の議会が制定するもの。協定は、地方自治体と事業所、住民などが汚染物質排出抑制や情報提供などを定めるもの。協定は契約の一種としての効力がある。

SDGs未来都市
持続可能なまちづくりや、SDGsの理念に沿った取り組みに積極的な地方自治体を選定。毎年30数都市が選定されている。

● 東京都のGHG排出量取引「キャップアンドトレード」

問題　**次の文章が正しいか誤りか答えよ。**

1 環境政策の調整、環境状況の監視・報告を行い、環境技術の普及事業を行う国連の補助機関は国連開発計画（UNDP）である。

2 世界保健機関（WHO）は、人の健康や環境に対する化学物質のリスク評価を行う。

3 経済開発協力機構（OECD）は、汚染者負担原則や拡大生産者責任を提唱した。

4 世界気象機関（WMO）は、気候変動に関する科学的知見についての国際アセスメントを実施する。

5 国連自然保護連合（IUCN）は自然保護を目的とした国際的な団体であり、レッドリストを作成する委員会はここに設置されている。

6 環境問題は広範囲にわたる府省が関わっており、専門性が高い分野では、政府の他の機関から独立した委員会が設置されている。

7 国が制定する法律に対応し、自治体の議会は協定を制定する。

8 自治体による先駆的な取り組み例として、東京都は独自のキャップアンドトレード型排出量取引制度を導入した。

9 内閣府は、持続可能なまちづくりや、SDGsの理念に沿った取り組みに積極的な地方自治体を地域循環共生圏として選定している。

答え
1 ×：国連開発計画（UNDP）➡国連環境計画（UNEP）
2 ○
3 ○
4 ×：世界気象機関（WMO）➡気候変動に関する政府間パネル（IPCC）
5 ○
6 ○
7 ×：協定➡条例
8 ○
9 ×：地域循環共生圏➡SDGs未来都市

3 企業の社会的責任

頻出度
★★☆

8 経済成長 ┃ 12 生産と消費

■ 社会の一員としての企業

企業は単に利益を上げるだけでなく、社員の人権の尊重、公平性の維持や社会貢献活動の実施、法令遵守（コンプライアンス）など、社会の一員としての責任を果たさなければなりません。企業は事業活動を推進するにあたって、環境に何らかの負荷を与えています。そのため、<u>企業も持続可能な社会の実現に向けて社会的な責任を果たす必要があるのです</u>（環境基本法第8条「事業者の責務」）。このように、<u>企業が事業活動に伴って社会に及ぼす影響についての社会的責任を CSR（Corporate Social Responsibility）</u>といいます。

企業は事業活動を推進するにあたり、株主・顧客・取引先・従業員・地域社会などの**ステークホルダー**への影響について配慮しなければなりません。社会的責任を果たしつつ、継続的な成長および発展を目指して企業価値の創造をすることが求められています。

📖 **コンプライアンス**
「法令遵守」ともいう。法律や規則などのごく基本的なルールに従って活動を行うこと。CSR（企業の社会的責任）とともに重要視されている。

📖 **ステークホルダー**
利害関係者。企業・行政・NPO などの利害と行動に直接的、間接的な影響を与えるもの（例：投資家、債権者、顧客、取引先、従業員、地域社会、行政、国民など）。

● 企業価値創造の模式図

企業価値創造への対応レベル		
4 地域・社会への貢献	● 地域・社会貢献活動支援・寄付 ● メセナ活動 etc	社会からの**要望**
3 制度的責任	● 情報の開示 → 経営の透明性 ● 顧客・消費者への説明責任	社会からの**期待**
2 経済的責任	● 株主への配当・納税義務 ● 消費者の求める商品・サービスの提供	社会への**義務**
1 法的責任	● 法令遵守は企業の最低限の義務 ● 法令遵守は法律論ではなく経営論 ● 社会的信用の喪失は法令の罰則より重い	

企業に限らず、組織の社会的責任（SR）に関する手引きとして、ISO26000 が 2010 年発行されました。ISO26000 は、以下の 7 つを中核課題としており、これらは社会的責任を果たすために相互依存の関係にあります。

① 組織統治　　⑤ 公正な事業慣行
② 人権　　　　⑥ 消費者課題
③ 労働慣行　　⑦ コミュニティへの参加と発展
④ 環境

● ISO26000 の中核課題

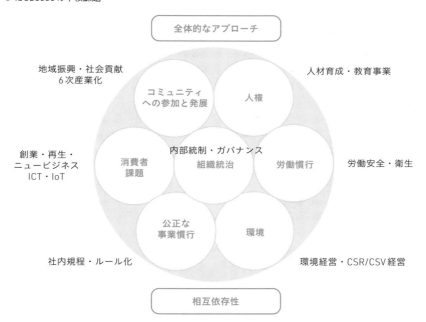

■CSR の変遷

　日本における CSR の取り組みは、欧米の取り組みや企業の不祥事等をきっかけとしてさまざまな広がりをみせています。たとえば、企業の社会的・論理的な行動に基づいて投資の評価を行う、**社会的責任投資（SRI）**や **ESG 投資**があります。

> 📝**社会的責任投資**
> （SRI：Socially Responsible Investment）
> 売上や利益だけでなく、環境保全などの社会的な取り組みを含めて評価し投資を行うこと。

1999 年には**国連グローバル・コンパクト**が提唱され、多くの企業がその趣旨に賛同して活動を行っています。

最近では、企業に求められる社会的な責任の変化とともに、企業戦略の一環として CSR を事業の中核に据える企業も出てきています。

2011 年には CSV（Creating Shared Value）が米国のマイケル・E・ポーターにより提唱されました。これは、企業が本業を行う中で、経済的価値と社会的価値を共に生み出し成長につなげるという考えです。

📝 **国連グローバル・コンパクト**
企業が持続可能な成長を実現するために、世界的な枠組みづくりへ自発的に参加する取り組み。人権保護、不当労働の排除、環境への対応、腐敗防止の4つの分野と10の原則がある。

● 日本のCSRの推移

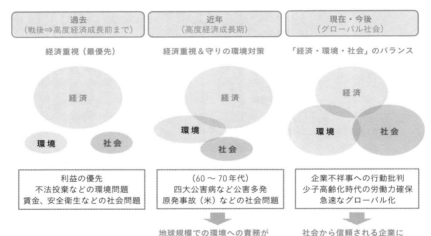

過去 （戦後⇒高度経済成長前まで）	近年 （高度経済成長期）	現在・今後 （グローバル社会）
経済重視（最優先）	経済重視＆守りの環境対策	「経済・環境・社会」のバランス
利益の優先 不法投棄などの環境問題 賃金、安全衛生などの社会問題	（60〜70年代） 四大公害病など公害多発 原発事故（米）などの社会問題	企業不祥事への行動批判 少子高齢化時代の労働力確保 急速なグローバル化
	地球規模での環境への責務がすべての企業に求められる	社会から信頼される企業に投資する流れに（ESG投資）

■ 企業における SDGs

企業では自社の事業活動を SDGs と紐づけして、社会の課題対応との関連づけを環境報告書や統合報告書などで公表しています。

また、SDGs を経営戦略等に取り入れて、企業価値を高めたり、持続可能な経営を行う戦略的なツールとして活用している企業もあります。企業が SDGs を活用することによる期待効果は、次のものがあります。

SDGsに取り組む企業が増えています。

・**企業イメージの向上**
SDGsへの取り組みにより、会社への信頼にもつながり、企業イメージの向上をもたらす。

・**社会課題への対応**
経営リスクの回避とともに社会への貢献や地域での信頼獲得につながる。

・**生存戦略になる**
今後はSDGsへの対応がビジネスにおける取引条件になる可能性もあり、持続的な経営を行う戦略として活用できる。

・**新しい事業機会の創出**
取り組みをきっかけに、地域との連携、新たな取引先や事業パートナーの獲得、新たな事業の創出につながる。

出典：環境省「持続可能な開発目標（SDGs）活用ガイド」

問題　**次の文章の（　）に当てはまる語句はなにか。**

1 企業も社会を形成する一員であるので、持続可能な社会構築のための責任を果たすことが必要であるという考え方を（　ア　）という。

2 企業などの組織活動に何らかの直接的または間接的な影響を与える主体を（　イ　）という。

3 企業に限らず、組織の社会的責任に関する手引きとして（　ウ　）が2010年発行された。

4 企業が持続可能な成長を実現するために、世界的な枠組みづくりへ自発的に参加する取り組みである世界最大のCSRイニシアティブを（　エ　）という。

5 企業や組織、団体に所属するすべての者が（　オ　）意識を持つことで、社会的な問題や不祥事の発生を防止することができる。

答え　**1** ア：CSR　**2** イ：ステークホルダー　**3** ウ：ISO26000
4 エ：国連グローバル・コンパクト　**5** オ：コンプライアンス

4 環境マネジメントシステム

頻出度 ★★★

8 経済成長　12 生産と消費

■環境マネジメントシステム（EMS）

環境マネジメントシステム（EMS：Environmental Management Systems）とは、企業などの組織が自主的に環境保全・改善への取り組みを行う仕組みです。環境分野の負荷低減や従業員の廃棄物削減、環境意識向上など、環境改善ツールとしての役割があります。

環境問題は規制だけでは解決できず、企業や行政などあらゆる組織による自主的な環境改善への取り組みが重要であるという認識が世界的に広まったことが、EMS導入の大きな要因となりました。

EMSの国際規格として、ISO（国際標準化機構）により1996年にISO14001が発行されました。これに伴い、多くの企業が認証機関によって審査、認証を受け、継続的な改善に取り組んでいます。

中小企業を対象にした日本独自のEMSとしては、**エコアクション21、エコステージ**があるほか、地域独自のものがあります。ISO14001、エコアクション21、エコステージはそれぞれ改訂され、経営と環境の統合が協調されています。

■EMSのPDCAサイクル

EMSの特徴は以下の通りです。

① どのような組織でも導入可能
② 仕組みを構築することの要求であり結果を要求するものではない
③ 目標、到達レベル、対象は自主的に決める
④ 環境に影響を与える活動・製品・サービスが対象
⑤ 継続的改善を重視
⑥ 認証機関によって適合しているか確認可能

🖉 ISO
国際標準化機構。電気分野を除く工業分野の国際的標準規格を作成するための組織。本部はスイスのジュネーヴ。

🖉 エコアクション21
環境省策定のガイドラインに基づいて、事業者が環境への取り組みを行うこと。EMSの構築、運用、維持および環境活動レポートについて適合性が評価され、合否判定される。

🖉 エコステージ
エコステージは5段階のステージがあり、ステージ毎に認証取得ができる。ステージ2は実質的にはISO14001の要求事項とほぼ同等である。

🖉 継続的改善
繰り返し行われる活動（PDCAサイクル）であり、このサイクルを繰り返す中で改善を進めること（スパイラルアップと呼ぶ）。

改善の対象は、自社ばかりでなく、取引先を含めたサプライチェーンにも広げることができます。

ISO14001 をはじめとした EMS では、自ら環境改善の
ための計画を立て（Plan）、実施し（Do）、成果をチェック
し（Check）、レビューし（Action）、課題に応じて**環境パ
フォーマンス**を改善していくことが求められています。

● PDCAサイクル

5

各主体の役割・活動

🖉**環境パフォーマン
ス**
組織（企業）が環境に
関して取り組んだ結
果、得られた実績や
成果のこと。具体的に
は、電力削減や廃棄
物削減、環境配慮型
製品の開発など、効
果が測定可能なものを
指す。

🖉 ISO50001
エネルギーマネジメン
トシステムに関する国
際標準。組織がエネル
ギーの効率的な利
用と持続可能なエネ
ルギー管理を確立し、
維持するためのガイド
ライン。

EMS の効果的な導入には、経営との一体化（環境改善
の目標は経営方針と一致させる）、本来業務の改善（製品
やサービスの環境改善が効果的）、プロセスの改善（発生
源対策が効果的）が重要です。導入のきっかけが顧客（取
引先）からの要求であってもサプライチェーンの中で連鎖
的に EMS が導入されれば、結果として企業のみならず、
地域社会など多くのステークホルダーに対しても環境改善
が期待されます。

問題 **次の文章が正しいか誤りか答えよ。**

1 EMSの国際規格として、ISO（国際標準化機構）によりISO26000が
発行された。

2 EMSにおいて、改善の対象や目標、到達レベルは国の方針により定
められる。

3 EMSの改善サイクルは、Plan、Do、Check、Action の4つを回すこ
とである。

 答え　**1** ×：ISO26000 ➡ ISO14001
2 ×：組織が自主的に決めることができる。　　**3** ○

5 拡大するESG投資と 環境コミュニケーション

頻出度 ★★★

8 経済成長　12 生産と消費　17 実施手段

■ESG投資の拡大

投資家が投資先を判断する際に、財務面ばかりではなく、Ecology（環境）・Social（社会）・Governance（ガバナンス）の視点から選ぶ**ESG投資**が拡大しています。

国連のコフィ・アナン第7代国連事務総長が提唱し、2006年に採択された**国連責任投資原則（PRI）**がESG投資に発展してきました。ESGに配慮した企業は、社会的課題をビジネスチャンスととらえて成長する可能性が高いなどのメリットがあり、大手企業を中心に急速に普及しています。

ESGへの取り組みが不足している投資先には、**ダイベストメント**が行われます。

■企業の温室効果ガス削減

ESG投資先の評価項目において、特に**温室効果ガス（GHG）**削減への取り組みに、投資家の関心が高くなっています。

企業が温室効果ガスを削減するエネルギー関連の取り組みには以下のものがあります。

・省エネ
　無駄な電気などエネルギー使用を削減する
・創エネ
　太陽光発電などの再生可能エネルギーを社内で生産する
・**再生可能エネルギーの調達**
　太陽光電力の購入など
・**エネルギー転換**
　化石燃料から、水素、アンモニアなど温室効果ガス排出量の少ないものへ転換

ガバナンス
企業が公平な判断や継続的活動をするために、社外取締役の導入や執行役員制度などを導入し内部統制を強化するもの。

ダイベストメント（divestment）
投資している株式や債券、投資信託などを手放したり融資している資金を引きあげたりすることを意味する。投資を意味する「インベストメント（investment）」と正反対の意味ということから「ダイベストメント」といわれている。

温室効果ガスの削減に取り組んでいるかどうかは、投資家が特に注目するポイントです。

■企業活動におけるGHGの把握と削減

　企業が活動していく過程では、自社でのGHG排出（**スコープ1、2**）だけでなく、下図のように上流や下流でもGHGが排出されます。このGHG排出量を**スコープ3**と呼びます。最近は、サプライヤー（調達先）にスコープ3の削減を求める動きが出ています。

上流は原材料の調達や部品の製造時など、下流は製品サービスの顧客サイドでの稼働時や、その製品の廃棄時を指しています。

● サプライチェーン排出量

上流	自社	下流

Scope3
①原材料　⑦通勤
④輸送・配送
＊その他：②資本財、③Scope1, 2に含まれない燃料及びエネルギー関連活動、⑤廃棄物、⑥出張、⑧リース資産

Scope1　Scope2
燃料の燃焼　電気の使用

Scope3
⑪製品の使用　⑫製品の廃棄
＊その他：⑨輸送・配送、⑩製品の加工、⑬リース資産、⑭フランチャイズ、⑮投資

○の数字はScope3のカテゴリ

　Scope1：事業者自らによる温室効果ガスの直接排出（燃料の燃焼、工業プロセス）
　Scope2：他社から供給された電気、熱・蒸気の使用に伴う間接排出
　Scope3：Scope1、Scope2以外の間接排出（事業者の活動に関連する他社の排出）

出典：環境省・みずほリサーチ＆テクノロジーズ「サプライチェーン排出量の算定と削減に向けて」

■ESGに関するイニシアティブ

　気候変動や環境に関するイニシアティブへの積極的な参加は、ESG投資先としての評価において重要な要素の一つとなります。主なイニシアティブとしては以下があります。

名称	内容
TCFD	企業の気候変動への取組み、影響に関する情報を開示する枠組み
SBT	企業のGHG削減を科学的な中長期の目標設定として促す枠組み
RE100	企業が事業活動に必要な電力の100％を再エネで賄うことを目指す枠組み
CDP	投資家の代わりに世界中の企業に質問書を送付、情報開示を要請する。質問に回答した企業に対し8段階で評価する。現在、CDPのプロジェクトとしては「気候変動」「ウォーター」「フォレスト」「シティ」「サプライチェーン」の5種類がある。

■環境コミュニケーションの必要性

　企業はさまざまなステークホルダーと信頼関係を築く必要があります。環境活動の内容をステークホルダーへ開示し、ステークホルダーからさまざまな意見を取り入れて改善を図っていくことを「環境コミュニケーション」といいます。環境コミュニケーションを通じて互いの理解と納得を促し、透明性の高い関係を築くことで環境問題の解決にも繋がっていきます。

　近年のESG投資拡大により、企業が投資を呼び込むためにも、環境情報の積極的な発信がますます重要になっています。環境コミュニケーションのツールとしては次のものがあります。

・環境報告書

　企業が環境保全に対し取り組んでいる内容を広く一般に情報公開するための報告書。日本では、環境配慮促進法によって、独立行政法人や国立大学法人などの公的機関は、毎事業年度、環境報告書を作成し、公表することが義務づけられている。大企業は、環境報告書の公表と事業活動に関わる環境配慮などの状況の公表を行うことが努力義務とされ、中小企業においても、環境配慮などの状況に関する情報の提供が求められている。最近では、環境報告書にSDGsへの取り組みを記載する企業も増えている。

　報告書の細目は、国際的にはGRIという団体が「CSR報告書ガイドライン」を発表した。環境報告として記載する情報・指標として、次の5つがあげられている。

① 基本的項目
② 環境マネジメントなどの環境経営に関する状況
③ 事業活動に伴う環境負荷およびその低減に向けた取り組みの状況
④ 環境配慮と経営との関連状況
⑤ 社会的取り組みの状況

✐ 環境報告書
当初は「環境」を主体としたものだったが、「環境・経済・社会」をバランスよく向上させることが重要であることから、3分野を網羅したサスティナビリティー報告書、CSR報告書（一般にこれらを含めて環境報告書と呼ばれている）へと進化した。

✐ 環境配慮促進法
正式名称は「環境情報の提供の促進等による特定事業者等の環境に配慮した事業活動の促進に関する法律」。

・サステナビリティ報告書・CSR報告書

　「環境報告書」の環境面に加えて、経済面・社会面の**トリプルボトムライン**を捉え、環境関連や労働、安全衛生なども記載した報告書。

・統合報告書（IR）

　大企業を中心に発行され、企業の**財務情報**と、環境への取り組みやコンプライアンス等の**非財務情報**とを合わせて、企業全体の価値をあらわした報告書。

■直接的なコミュニケーション

　こうしたツールのほかに、株主、消費者、NPOなどと対話を行う直接的なコミュニケーションである**ステークホルダー・ミーティング／ステークホルダー・ダイアログや地域社会とのコミュニケーション**があります。

　最近では、フェイスブックなどのソーシャル・ネットワーキング・サービス（SNS）も環境コミュニケーションツールとして使われています。

問題 　次の文章が正しいか誤りか答えよ。

1 会計業績報告書は企業などが環境に対する自社の影響などを自ら情報公開するものである。

2 サステナビリティ報告書は、企業活動が「環境・経済・社会」の各視点での達成具合がどの程度であるかを政府が公表するものである。

3 近年、大手企業を中心に、財務情報のみならず、非財務情報も含めた統合報告書の発行が増えている。

4 環境配慮促進法により、すべての企業は、環境報告書の公表と環境配慮などの状況を公表する努力義務があるとされた。

答え
1 ×：会計業績報告書➡環境報告書
2 ×：政府➡企業など
3 ○
4 ×：すべての企業➡大企業

6 製品の環境配慮

頻出度 ★★☆

12 生産と消費

■製品の環境負荷と環境を配慮した設計

工業製品は、環境に何らかの影響を与えています。原材料の入手や生産には多量のエネルギーや化学物質を使用し、廃棄物、大気汚染物質などが環境に多く排出されます。さらに、製品は消費者によって使用され寿命がくると廃棄され、リサイクルや、焼却、埋立てなどの処理が行われます。これら廃棄にもエネルギーや環境負荷が生じます。このように製品の原料採取から廃棄までの工程（**ライフサイクル**）すべてで環境負荷が発生していることになります。

製品のライフサイクルのそれぞれの工程においては、環境法規制が定められています。法規制には資源の有効活用や製造工程での廃棄物削減、流通工程の大気汚染の低減などを目的として、**省エネ法**、**資源有効利用促進法**、**家電リサイクル法**、**小型家電リサイクル法**、**プラスチック資源循環法**、**グリーン購入法**などがあります。

欧州連合（EU）の **RoHS指令**、**WEEE指令**、**REACH規則**などの法規制に合わせ、日本の企業でも対応が求められています。

・RoHS指令
  PCや家電製品など電子・電気機器に対し、特定有害10物質（鉛・カドミウム・水銀など）の使用を制限する。2000年施行。

・WEEE指令
  EU圏で大型家電・小型家電、電気通信機器、医療機器等、広い範囲の品目を対象に、各メーカーに対して、廃電気・電子機器の収集・リサイクル・回収費用を負担させる。2003年施行。

📝 **資源有効利用促進法**
2001年4月より、10業種・69品目（一般廃棄物および産業廃棄物の約5割をカバー）を同法の対象業種・対象製品として、事業者に対して3Rや省資源化、長寿命化、回収などを定めている。

📝 **グリーン購入法**
2000年施行。国の機関などが率先して環境配慮型製品などの調達を推進する法律。

📝 **RoHS**
「Restriction of Hazardous Substances」の略。

RoHSのHはハザード（危険）です。

📝 **WEEE**
「Waste of Electrical and Electronic Equipment」の略。

・REACH規則

有害な化学物質から人の健康と環境の保護を目的とし、約3万種類の化学物質の毒性情報などの登録・評価・認定を義務づけ、安全性が確認されていない化学物質を市場から排除する規則。2007年施行。

こうした環境関連の法規制が強化され、また消費者の環境意識の高まりとともに、企業は環境を配慮した製品づくりを進めています。

■ 環境配慮設計の方法

すべての工程で環境配慮設計を行い、環境負荷を低減させるのは難しく、次のような手順を踏んで環境配慮設計を行うのが一般的です。

① 製品の企画・開発段階での環境配慮設計：環境改善の目標と効果を評価し、効果があるとした場合に具体的設計を行う
② 設計段階での環境配慮設計：具現化した試作品で具体的データを収集し、環境改善の効果を測定する。目標に達しない場合は繰り返し設計やデータの評価を行い、目標達成後製品化を行う

■ ライフサイクルアセスメント（LCA）

環境に配慮した製品の設計には**ライフサイクルアセスメント（LCA）**の手法があります。

LCAはエネルギーや天然資源の投入量などのインプットデータと、排出される環境汚染物質量などのアウトプットデータを科学的・定量的に収集・分析して、環境への影響を評価するものです。インプットデータとアウトプットデータ（環境負荷物質の量）をすべて定量的に把握するのが望ましいのですが、簡単ではありません。そこで、既存のデータ（バックグラウンドデータ）を用いる方法がよく使われます。汎用のバックグラウンドデータも整備されつつあるので、LCAの利用が期待されます。

🔖 **REACH**
「Registration, Evaluation, Authorization and Restriction of Chemicals」の略。

REACHのCHはケミカル（化学物質）です。

🔖 **環境配慮設計のメリット**
① 製品原価・廃棄コストの低減
② コンプライアンス強化
③ 継続的環境改善のモチベーション向上
④ 従業員の環境意識向上
⑤ グリーン調達・購入を要求する顧客への対応

🔖 **ライフサイクルコスト**
製品や構造物などの費用を、調達・製造〜使用〜廃棄の段階を総計したもので、費用対効果を推計するうえでも重要な指標。

文献などで公開されているものがバックグラウンドデータです。

● ライフサイクルアセスメント（LCA）の概要

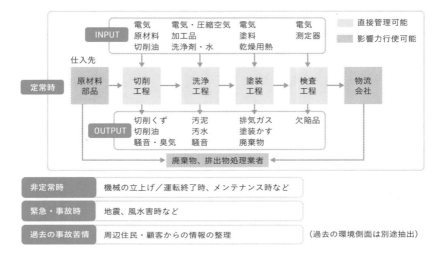

非定常時	機械の立上げ／運転終了時、メンテナンス時など
緊急・事故時	地震、風水害時など
過去の事故苦情	周辺住民・顧客からの情報の整理 （過去の環境側面は別途抽出）

■ ライフサイクルアセスメント（LCA）の活用

　LCAを活用し、改善点を明確にして製品開発を行えば環境改善に大きな効果が期待できます。LCAは以下のような用途に活用できます。

① 環境負荷を低減した商品およびサービスの開発
② 環境負荷低減量の把握
③ グリーン調達基準の策定
④ 環境マネジメントシステム目標の設定とパフォーマンスの評価
⑤ 環境報告書、環境会計
⑥ カーボンフットプリントなど、環境ラベル策定上のデータ把握

（LCAの活用例）

・エコリーフ

　温室効果ガスだけではなく、廃棄物など、商品のライフサイクルで発生する環境への影響をLCAによって算定して、環境ラベルとして公開するもの。

✐カーボンフットプリント（CFP）

原材料調達から廃棄リサイクルまでの商品の一生に排出される温室効果ガスを「見える化」したもので、温室効果ガスの排出量をCO_2換算の重量で表す。g数が高いほど負荷が大きい。

✐エコリーフ

定量的製品環境負荷データ（LCA）を開示する。判定基準はなく、判断は購入者に委ねる（エコリーフマーク下の登録番号をSuMPO環境ラベルプログラムHPの該当サイトに入力）。

・**カーボンフットプリント（CFP）**

　原材料調達から廃棄リサイクルまでの全工程で排出された温室効果ガスを CO_2 に換算して、ラベル等に製品の環境負荷データを表示したもの。消費者にとって、環境配慮製品を選択する判断になる。

・**カーボンオフセット**

　企業が排出している温室効果ガスのうち、自らの努力で削減できない分を、他の場所での吸収・削減や、他者からクレジットを購入などしてオフセット（埋め合わせ）すること。この温室効果ガス排出量の算出に、LCAの手法が使われている。

（右段）

🖉 **カーボンオフセット**
ある行動とは別の活動によって、ある行動の温室効果ガス排出量と同量あるいは以下の温室効果ガス発生量を減らすこと。

（右端）

5

各主体の役割・活動

 次の文章が正しいか誤りか答えよ。

1 ライフサイクルアセスメントは、製品のライフサイクルでのエネルギー量を定量的に把握し、環境への影響がどの程度か評価する方法である。

2 カーボンニュートラルとは、商品の製造から配送、販売、廃棄を通じた全工程で排出された温室効果ガスを CO_2 に換算し、環境負荷を商品に表示することである。

3 WEEE指令はEUで実施された法律で、特定有害10物質の使用制限を定めたものである。

4 エコリーフは、温室効果ガスだけではなく、廃棄物など、商品のライフサイクルで発生する環境への影響をLCAによって算定して、環境ラベルとして公開するものである。

答え
1 ×：エネルギー量➡環境負荷
2 ×：カーボンニュートラル➡カーボンフットプリント
3 ×：WEEE指令➡RoHS指令
4 ○

7 企業の環境活動

頻出度 ★★★

■ 企業の環境活動

　企業は自社の事業活動から生じる環境負荷について、業界団体が策定した**環境自主行動計画**に基づいて取り組みを進めています。最近は大企業のみならず、中小規模企業でも SDGs の取り組みを進めています。

　「環境自主行動計画」は、国が定めた「循環型社会形成推進基本計画」と「地球温暖化対策基本計画」を基に業界団体が策定したものです。

　経団連では、持続可能な社会づくりに関する「**循環型社会形成自主行動計画**」と、温暖化対策に関する「**カーボンニュートラル行動計画**」を策定しています。

■ 社会的投資とエコファンド

　売上や利益だけでなく、環境保全などの社会的な取り組みを含めて企業を評価し、投資を行う**社会的責任投資（SRI）**という考え方があります。そのなかでも環境への配慮の度合いが高く、かつ株価のパフォーマンスも高いと判断される企業の株式に重点的に投資する投資信託のことを**エコファンド**といいます。エコファンドは、環境問題への対応に熱心な企業は長い目で見れば消費者に支持され、環境汚染対策の費用リスクが低減され、将来的に高い成長や株価の上昇が期待できる、という考え方に立っています。

　環境対策・問題に熱心な企業が投資先として選ばれる主な理由は次のとおりです。

① 経費削減：省エネが進めば当然、光熱費などの経費の削減につながる。
② 法的リスクの低減：容器包装リサイクル法や家電

🖉 循環型社会形成基本計画
循環型社会形成推進法の理念に基づき、廃棄物とリサイクルの総合的な視点から施策を推進するものです。経済社会におけるモノの流れ全体を把握する「物質フロー指標」などの数値目標や、国の取り組み、各主体の役割などを定める。

🖉 循環型社会形成自主行動計画
経団連会員企業は、毎年度、産業廃棄物最終処分量削減目標、業種別独自目標、業種別プラスチック関連目標の3種の目標を掲げ、自主的取り組みを行い、結果を公表している。

🖉 カーボンニュートラル行動計画
経団連は、会員企業に対し「2050年カーボンニュートラル」に向けたビジョン（基本方針等）の策定を呼びかけている。策定状況を公表。

リサイクル法など法令の条件をクリアできない企業は、販売・生産などができなくなる可能性があり、罰則金など経費の拡大が考えられる。
③ 消費者の支持：グリーンコンシューマーや企業のグリーン調達の対象となれば多くの消費者から支持され、売上の増加が期待できる。

■金融業での環境配慮

　近年、金融機関も環境保全・社会貢献活動の一環として、また環境に配慮しない企業はハイリスクな企業であるとの考えから、環境配慮企業に対して**金利を優遇する商品**を提供しています。主な金融の環境配慮商品に、オール電化住宅や低燃費車などの購入者を対象とした<u>エコ住宅ローン</u>、省エネローン、エコカーローンや、環境保全の取り組みや設備投資を行う企業を対象とした<u>エコクリーン資金</u>などがあります。

■その他の業種の環境負荷削減の取り組み

製造業
・EMSの活用によるエネルギー管理
・自動車や家電における**トップランナー基準**の達成

建設業
・「CASBEE」による環境配慮設計の推進
・「ZEB、ZEH」の開発、普及の促進

運輸業
・**モーダルシフト**、共同輸送、エコドライブの推進

情報通信業
・テレワーク、電子申請、オンライン会議など、人の移動や物の輸送にまつわるエネルギー削減
・ITS、BEMS、HEMSの開発、普及

EMS
エネルギー管理システム（Energy Management System）。エネルギーの使用状況の把握、管理、削減を管理するシステム。

トップランナー基準
省エネ法で指定する特定の機器の省エネルギー基準を商品化されている製品の中で最も優れている機器の性能以上に設定する制度。

CASBEE
建築物の環境性能をさまざまな視点から総合的に評価するツール。

ZEB、ZEH
ZEB：ネットゼロエネルギービルの略。建物で消費する年間の一次エネルギーの収支ゼロを目指したビル。
ZEH：ネットゼロエネルギーハウスの略。

ITS
高度情報交通システム。ナビゲーションシステムの高度化、有料道路等の自動料金収受システムの確立、安全運転の支援などを図る。

BEMS、HEMS
ビル及び家庭用のエネルギー管理システム。空調や照明などの複数の設備機器を自動制御し、省エネや節電を行う。

177

8 第一次産業と環境活動
頻出度 ★★

2 飢餓　12 生産と消費　14 海洋資源　15 陸上資源

■ 第一次産業と環境活動

2021年5月、農林水産省は「**みどりの食料システム戦略**」を策定しました。2050年までに、農林水産業のCO_2ゼロエミッション化や化学農薬・化学肥料の削減、食品製造業の労働生産性の向上などの目標を定めています。

また、農林・漁業の活性化を図るために、第一次産業（農業・林業・漁業等の生産）・第二次産業（加工）・第三次産業（販売・流通）を一人で、あるいは地域で連携して行う産業形態である**6次産業化**（地域振興・社会貢献）が注目されています。

■ 農業

持続可能な農業の生産を推進するため、**環境保全型農業直接支払制度**が実施されています。**コンポスト**等の有機肥料を使用することで化学肥料の使用を減らしたり、地球温暖化防止や生物多様性保全等に取り組む農業者の組織団体を支援する制度です。

また、**GAP（農業生産工程管理）**は東京2020オリンピック・パラリンピックの食料調達基準となったことから、2020年は7,857経営体が認証取得しています。

■ 林業

日本における森林面積の4割を人工林が占めており、その多くが現在木材として使用可能な時期を迎えています。その一方で、林業の低迷や後継者不足により、適切な森林の管理が十分になされていない現状があります。

2019年に施行された「**森林経営管理制度**」は、成長産業として林業を促進し、森林の適切な管理を図ることを目的としています。2021年には、**都市（まち）の木造化推進**

ゼロエミッション
産業から排出される廃棄物や副産物が他の産業の資源として活用されることで結果的に廃棄物を生み出さないシステム。国連大学が提唱した。

「一人」とは、例えば、農業従事者が、珍しい作物を作り、それを漬物などに加工し、それをインターネット等SNSで販売すること。一人で1、2、3次産業まで行うことを指します。

コンポスト
生ごみなどの有機廃棄物を微生物の働きにより分解し、堆肥にする方法。

GAP（Good Agricultural Practice）
農業生産の各工程の実施、記録、点検及び評価を行うことにより、食品の安全性向上、環境の保全、労働安全の確保を目指す取り組み。

都市（まち）の木造化推進法
脱炭素社会の実現に資するなどのために、公共建築物のみならず、建築物一般に拡大した建築物等における木材の利用の促進に関する法律。

法が施行され、公共建築物だけでなく、一般の建築物においても木材の利用促進が図られています。

　林野庁は、森林づくりの計画・指導を行う技術者など、人材の育成に努めています。

■漁業

　水産資源の減少は国内外で大きな問題になっており、**日本の漁業・養殖業の生産量は2020年にはピーク時の約3分の1にまで減少しています。**水産資源の持続的利用を図るため、資源管理や環境配慮への取組を証明する水産エコラベルの普及が推進されています。

・MSC認証

　持続可能な<u>漁法で獲られた</u>水産物につけられる認証。

・ASC認証

　持続可能な方法で<u>養殖された</u>水産物につけられる認証。

・マリン・エコラベル・ジャパン（MEL）認証

　持続性と環境に配慮している<u>漁業・養殖</u>による水産物につけられる認証。

5

各主体の役割・活動

📝MSC「海のエコラベル」
（Marine Stewardship Council）
（海洋管理協議会）
持続可能な水産物供給企業の漁業認証であり、加工・流通過程の管理された水産物認証。

📝ASC認証
Aquaculture Stewardship Council（水産養殖管理協議会）の認証制度。

📝マリン・エコラベル・ジャパン
Marine Eco-Label Japan Council（一般社団法人マリン・エコラベル・ジャパン協議会）の認証制度。

問題 **次の文章が正しいか誤りか答えよ。**

1 林業の人材確保のため、林野庁では森林施業プランナーやフォレスターの育成に力を入れている。

2 環境と社会に配慮した養殖により生産された水産物にはMSC認証が付与される。

3 第一次・第二次・第三次産業が連携して事業を展開する産業形態を6次産業化という。

1 ○
2 ✕：MSC認証➡ASC認証　　**3** ○

9 頻出度 ★★★ 環境問題と市民の関わり 生活者/消費者/主権者としての市民

2飢餓 3保健 4教育 7エネルギー 11まちづくり 12生産と消費 16平和 17実施手段

■個人の意識改革で自然環境を守る

　現在私たちは便利で豊かに暮らしていますが、地球環境は悪化し、地球温暖化問題はグローバルな問題となってきています。この豊かな地球を守り、未来の世代に持続可能な地球を残すため、社会の構成員である私たち一人ひとりの意識改革が求められています。

　日常生活を見直し、自分のできることからスタートすれば、最初は小さな行動でもやがて大きな貢献へとつながります。近年は、地域や身近にいる人同士が一緒に取り組む「**共助**」の考え方も広がっています。家庭、学校、職場などを通じて環境に関心を持ち、自分たちのやるべきことを行えば、美しい自然環境は保全・再生され、快適な生活環境は整備されていくのです。

■生活者としてのアプローチ

　私たちは、たとえば次のようなさまざまな環境負荷を伴って毎日の生活を送っています。

　家庭から排出される CO_2 は日本の総排出量の約**16%**（2020年度）で、自家用車・バスなどの移動に伴う CO_2 排出量を加えると、約22%になります。

　家庭からのごみの排出量は、近年減少傾向にあり、1人1日当たり約650ｇ（2020年度）と算定されます。また、**食品ロスは国内発生量の約47%が家庭から**の発生源と推計されています。

　持続可能な社会の実現へ向けて、私たちには環境を配慮した意識と行動が求められています。

■消費者としてのアプローチ

　グリーン購入とは、消費者や企業などの組織が製品や

✐ 自助／共助／公助
主に防災や災害発生時において使われる考え方。
自助：自分や家族の身の安全を守ること
共助：地域や身近にいる人たちが協力して助け合うこと
公助：公的機関による救助・援助

> 日常生活の中で、自分にできることから始めてみましょう。

✐ ごみ排出量
家庭からのごみと事業所ごみを合わせた一般ごみの1日1人当たり排出量は約901ｇ。

サービスを購入する際に、環境への負荷が少ないものを選んで購入することです。また、積極的にグリーン購入を行う、環境に配慮した消費活動をする人のことを**グリーンコンシューマー**と呼びます。

グリーン購入普及のため、2000年にグリーン購入法が施行されました。この法律では、以下のように定めています。

① 国の機関が物品を購入する場合は、環境に配慮されたものを購入する義務を負う
② 地方公共団体も国に準じて、努力義務を負う
③ 国民や事業者も教育活動や広報活動を通じて理解を深め、グリーン購入に努める

ISO14001などEMSの認証取得している企業の多くは、この法律に準じて、グリーン購入・グリーン調達を推進しています。

グリーン購入ネットワーク（GPN）のグリーン購入の基本原則を以下に示します。対象となる製品は多岐にわたっています。

- 必要性の考慮（購入前に必要性を考える）
- 製品・サービスのライフサイクルの考慮（省エネ性や長期使用性などを考える）
- 事業者取り組みの考慮（EMSの導入など）
- 環境情報の入手・活用（GPNの利用など）

さらに環境や差別などの社会的課題も視野に入れて配慮した、倫理的に正しい消費のことを**エシカル消費**といいます。エシカル消費の一つである**フェアトレード**は、開発途上国の生産者や労働者が過酷な労働を強いられたり、正当な賃金が支払われなかったり、あるいは現地の環境を汚染したりしている不当な関係や環境を改めて、適正価格で購入する公平・公正な貿易を指します。

フェアトレードのほかにも、**児童労働**、**紛争鉱物**など多くの課題・問題があります。

📖**フェアトレード**
「適正な報酬による取引」ともいわれ、開発途上国から先進国の輸出において採用される取引形態。衣料、バナナ、カカオ、コーヒーなどが代表的な品目。

📖**紛争鉱物**
紛争状態が続くコンゴ民主共和国やその周辺国で採掘されるタンタル、タングステン、金、スズなど。不法に採掘され、武装勢力の資金源となっている可能性が高く、国際社会で規制に向かっている。

■ 環境ラベル

　グリーン購入やエシカル消費の食品には次のような**環境ラベル**が使われています。これらのラベルは、製品やサービスの環境負荷や環境配慮に関する情報を消費者に伝える役割を果たします。

● 主な環境ラベル

名称	説明	
有機JASマーク	有機食品がJAS規格に適っているかを第三者機関が審査・認定し、認定食品にマークを表示。	
MSC「海のエコラベル」	水産資源や環境に配慮した持続可能な漁業で獲られた水産物の証。	
ASC認証マーク	環境と社会に配慮した責任ある養殖で育てられた水産物に与えられる認証ラベル。	
マリン・エコラベル・ジャパン	水産資源の持続性と環境に配慮している事業者（漁業・養殖業・流通加工業）に与えられる、国際的に認められた日本生まれの認証ラベル。略称はMEL（メル）。	
国際フェアトレード認証ラベル	経済・社会・環境の3つの柱を持つ国際フェアトレード基準が守られていることを示す。	

■「衣」「食」「住」「移動」でできること

●「衣」

　最新の流行を追い、価格を抑えた衣料品を大量生産して販売する**ファストファッション**は、大量廃棄を招きかねません。オーガニックコットンなどの環境にやさしい素材や、フェアトレードによる衣料品等を購入することはグリーン購入といえます。また、衣服で温度調節をしてエアコンの過度な使用を抑えるクールビズも、日常生活で取り入れられる工夫といえるでしょう。

●「食」

　日本は食料自給率が低いため、海外からの輸入に頼っています。食材を遠方から運んでくるほど、輸送にかかるエネルギーが多くなり、地球環境に負荷をかけることになります。

　フードマイレージは、食品の輸送に伴う CO_2 排出量の指標で食品の輸送にかかる環境負荷を捉えた考え方です。環境に優しい食生活には、**地産地消**の考え方が必要です。

　消費者は、**有機JASマーク**などの環境ラベルがついた食品を選んだり、**トレーサビリティ**の情報から、安心できる農作物を購入することができます。

　食べ残しや手つかずのまま廃棄される**食品ロス**にならないように、作りすぎない、買いすぎないことが重要です。余剰食品を**フードドライブ**や**フードバンク**に寄付することも、食品ロスを減らす有効な手段となります。

●「住」

・エネルギー消費

　家庭におけるエネルギー消費量は2005年度をピークに減少傾向にありました。しかし、2020年度は新型コロナウイルス感染症により在宅で過ごす時間が長かったことから、エネルギー消費量は少し上昇しました。家庭ごとに節電に取り組むことが重要です。

ファストファッション
最新の流行を取り入れた衣料品を低価格に設定した衣料品を短期サイクルで大量生産・販売するファッションブランドやその業態。

フードマイレージ
輸入相手国別の「食料輸入重量×輸出国までの輸送距離」。数値が大きいほど CO_2 の量が多くなる。

地産地消・旬産旬消
「地産地消」は、地元生産・地元消費のこと。「旬産旬消」は、旬の食材を旬の時期に食すること。

トレーサビリティ
食品の生産者、生産地、使用した肥料、流通経路等の情報を消費者が確認できるようにしたもの。

食品ロス
日本の家庭から排出される食品廃棄物は、国民1人当たり1日約132g（茶碗1杯のごはん量）。

フードドライブ・フードバンク
企業や家庭で余っている食品を生活困窮者や福祉団体に寄付する取り組み。

・住宅の購入

　住宅の購入の際、エネルギー・資源・廃棄物等の面で適切な配慮がなされた**環境共生住宅**や **ZEH（ゼッチ）**を選択することで、エネルギー消費の低減に繋げることができます。

●「移動」

　環境省はエコで賢い移動方法の選択を促すため、**スマートムーブ**の取り組みを推進しています。公共交通機関の利用や、徒歩・自転車での移動を推奨し、自動車の利用の際には**エコドライブ**の実践を推奨しています。近年、都市部で普及している**シェアサイクル（コミュニティサイクル）**も、スマートムーブの取り組みの一つです。

■ 行政の取り組み

　私たちが日常的に環境に配慮した行動をとるためには、国や自治体など行政の取り組みが大きな影響をもたらします。政策によって環境保全型の行動が浸透した例として**レジ袋の有料化**や家電製品の**トップランナー**制度などがあります。

■ 主権者・納税者としての関わり

　民主主義社会における主権者は私たち市民です。国や自治体は、政策等に私たちの意見を反映させる機会として**パブリックコメント**の場や**参加型会議**、自治体主催の**タウンミーティング**などを行っています。

　また、社会で起きている出来事について自ら考え、自分の意見を持って行動できる市民を育てる**シチズンシップ**教育が重視され始めています。

　私たちは社会保障や福祉、教育、防衛といった公的サービスを受けるために、税金を納めています。その一つに、環境に影響を及ぼす行為について課税し、環境保全に効果的な対策の費用に充てる税制度があります。具体的には、**地球温暖化対策税**、**森林環境税**、**水源税**などです。また、環境に配慮した製品の購入に対し、税金の負担を軽減する**エコカー減税**などの**グリーン税制**があります。

ZEH（ゼッチ）Net Zero Energy House
家全体の断熱性や設備の効率化を高め、太陽光発電などでエネルギーを創ることにより、年間のエネルギー収支をゼロ以下にする家のこと。

スマートムーブ
環境省が提案する、「移動」を「エコ」にする新たなライフスタイル。CO_2排出の少ない移動方法の選択を推奨している。

地球温暖化対策税
原油やガス、石炭といった全化石燃料に対して、CO_2排出量に応じた税率を課すもの。

環境や健康面に配慮した商品やサービスに対する税負担は軽減し、逆の場合は税負担を課す「グッド減税・バッド課税」という考え方があります。

─《 COLUMN 》─────────────────────────

古着と電子ゴミ

私たちが使用した衣服や電子機器がアフリカなどの開発途上国に輸出され、その内3
〜4割程度がゴミとなって、大気・海洋汚染等環境破壊、健康被害を起こしていること
にも関心を持とう。

───────────────────────────────

問題 **次の文章が正しいか誤りか答えよ。**

1 グリーン購入とは、環境負荷の少ない製品・サービスを購入するこ
とで、地球温暖化防止など持続可能な社会への貢献ができることで
ある。

2 「有機」「オーガニック」などの表示ができるのは、JASマークがつい
ている有機農作物や有機加工食品である。

3 フードマイレージとは、誰が生産し、どのような農薬や肥料、飼料
が使われたかなどの生産情報や、出荷・流通の履歴などを管理し、
追跡できるものである。

4 開発途上国への国際支援でただ資金を提供するだけでなく、相手国
民が経済的に自立できるように支援し、環境と暮らしを守るために
も、適正価格で取引しようというのがフェアトレードである。

5 環境と社会に配慮した責任ある養殖で育てられた水産物に与えられ
る認証ラベルをMSC（海のエコラベル）という。

6 地球温暖化対策税は、CO_2排出量が多い一部の化石燃料に対して課
せられている。

7 社会について考え、自分の意見をもち、主体的に行動できる市民を
育てることを持続可能な開発のための教育という。

 答え
1 ○
2 ×：JASマーク➡有機JASマーク
3 ×：フードマイレージ➡トレーサビリティ
4 ○
5 ×：MSC（海のエコラベル）➡ASC認証ラベル
6 ×：一部の化石燃料➡すべての化石燃料
7 ×：持続可能な開発のための教育➡シチズンシップ教育

5

各主体の役割・活動

10 NPOの役割とソーシャルビジネス

頻出度 ★☆☆

8経済成長 17実施手段

■NPO活動

NPO（Non Profit Organization）はさまざまな社会貢献活動を行うために設立された営利を目的としない民間団体の総称です。

このうち、NPO法に基づき法人格を取得した法人を特定非営利活動法人（NPO法人）といい、法人の名の下に取引等を行うことができるようになります。

環境NPOの活動は環境教育、再生エネルギー推進、環境配慮型商品の開発・販売、政策への提言など多岐にわたります。しかし、日本における環境NPOは組織の規模が小さく、資金面も少額の団体が多いのが現状です。環境NPOが十分に役割を果たし、継続的な活動を支えるために、支援ファンドの拡大が望まれており、その手法の一つとして<u>クラウド・ファンディング</u>があります。

■ソーシャルビジネスとは

少子高齢化、福祉、環境、貧困問題など、さまざまな社会問題の解決を目的として収益事業に取り組む事業体のことを**ソーシャルビジネス**といいます。NPO、企業など多様な主体が協力しながら、ビジネス手法を活用して解決していきます。

たとえば、プラスチックごみから新たな製品を開発したりするように、環境の課題の解決と新たな商品やサービスという事業化の両立を目指します。ソーシャルビジネスの収入源には、主に次のものがあります。

① **事業収入**：事業から得る収入
② **行政からの収入**：補助金や助成金
③ **その他の財産**：増資、寄付、会費など

NPOとNGO
共に企業や政府から独立した組織。NGO（非政府組織）は主に国際社会で、NPO（非営利組織）は主に国内で活動する組織。

日本の認定NPOの多くは、その収入の多くを補助金や助成金に頼っています。

クラウド・ファンディング
インターネットを介してビジネスやプロジェクトについて発信し、賛同した人から広く資金を集める方法。

①に重きを置くのは、「対価収入積極獲得型」のソーシャルビジネスです。地域資源を活用した商品の開発・販売などを行い、収入は地域コミュニティの形成や雇用創出に結び付きます。

②と③に重きを置くのは、従来、税金で賄っていた業務を引き継ぐ「非営利資源積極活用型」のソーシャルビジネスです。福祉や医療・介護サービスや環境保全サービスなどが該当します。

■ 企業におけるソーシャルビジネス

企業におけるソーシャルビジネスには2つのタイプがあります。ひとつは、本業とは関係のないところで社会貢献活動をし、対価を受け取らない取り組みです。もうひとつは、本業に密着した社会貢献活動で、対価も得る取り組みです。たとえば、環境配慮商品を販売し、その売上げの一部を寄付するというやり方は、継続が可能で、社員の士気も高まり顧客の満足も得られます。

対価を受け取らない取り組みは、景気の変動などにより財政不足になると継続が難しくなります。

─《 COLUMN 》───────────────

国際NGOとは？

国際NGO（非政府組織：non-governmental organaizations）は、貧困、飢餓、環境など世界的な問題に対して取り組む市民団体です。近年、注目されている国際NGOにCDPがあります。CDPは重要な環境情報の開示を企業に要請することに賛同する「署名投資家」を募り、投資家の代わりに世界中の大企業に質問書を送付、情報開示を要請します。質問に回答した企業に対し8段階で評価します。

問題　次の文章の（　）に当てはまる語句はなにか。

1 地域社会の課題を住民、NPO、企業などの主体が協力して解決していく事業形態を（　ア　）という。

2 インターネットなどを介してプロジェクトについて発信し、賛同した人から資金を集めることを（　イ　）という。

答え
1 ア：ソーシャルビジネス
2 イ：クラウド・ファンディング

11 各主体の連携による地域協働の取り組み

頻出度 ★☆☆

16 平和 17 実施手段

■ 地域での「協働」

環境問題への取り組みでは、行政、企業、市民、NPOが目的や情報を共有しながら、役割を分担して取り組む**協働**が大きな効果をもたらします。

この協働の例として、山形県の**レインボープラン**や滋賀県の**菜の花エコプロジェクト**などがあります。

■ 企業の社会貢献としての「協働」

企業は従来の**フィランソロピー**や**メセナ活動**といった社会貢献の取り組みから、地域振興や活性化などさまざまな分野で行政との協働事業へと取り組みが広がっています。

たとえば、コンビニやスーパーが地域の安全・安心のための**セーフティステーション**としての役割を果たしたり、IT企業が地域の観光や産物の情報を発信する販促活動などがあります。

■「公共サービスにおける民間の活用」

公共サービスを維持する上で、自治体などは施設管理面や修繕費用の負担などさまざまな課題を抱えています。

それらに対応する手法として、公共施設の管理や運営を民間企業に包括的に代行させる**官民連携事業（PPP）**や**民間資金等活用事業（PFI）**があります。

以上のように、協働には実施目的や実施方法に応じた多様な方法があります。「**事業協働**」、「**戦略協働**」、「**政策協働**」などに分類され、近年では多様な主体による**コレクティブ・インパクト**が注目されています。

■ マルチステークホルダープロセス

地域の課題が複雑になるにつれて、市民・NPO・企業・

✐ レインボープラン
市民・農家・行政の協働による有機物循環の仕組み。市民は生ごみ分別を、行政はコンポスト化を、農家はそのコンポストを使用した農作物の生産と販売、という循環システム。

✐ 菜の花エコプロジェクト
地域の転作田を利用して、営農組合等で菜の花を栽培し、収穫した菜種は愛のまちエコ倶楽部が買い取り、搾油・精油工程を経て食用油を製造する。

✐ 社会貢献活動
フィランソロピーともいい、企業の社会的貢献（企業自体の貢献、企業社員による貢献）を指して使われる。特に芸術活動支援をメセナ活動という。

✐ コレクティブ・インパクト（Collective Impact）
行政や企業、NPOや自治体などの参加者（プレイヤー）がそれぞれのくくりを超えて協働し、さまざまな社会課題の解決に取り組むことで集合的（Collective）なインパクトを最大化すること、あるいはその枠組みを実現するためのアプローチ。

行政が地域の課題解決のために取り組む例が増えています。テーマやセクターの異なる市民・NPO・企業・行政が、対等な立場で協働して取り組むことを、マルチステークホルダープロセスといいます。

■ ローカルSDGsにつながるまちづくり

環境省が提唱した「地域循環共生圏」は、地域の活力が最大限に発揮されることを目指しており、2018年から2019年の2年間、持続可能な地域づくりとしてのモデル事業を実施しました。

📝 **地域循環共生圏**
各地域が美しい自然景観などの地域資源を最大限活用しながら自立・分散型の社会を形成しつつ、地域の特性に応じて資源を補完し支え合うことにより、地域の活力が最大限に発揮されることを目指す考え方。

5
各主体の役割・活動

● 地域循環共生圏

◆自然資源・生態系サービス
・食料、水、木材
・自然エネルギー
・水質浄化、自然災害の防止　等

農山漁村

自立分散型社会

（地域資源【自然・物質・人材・資金】の循環）
地産地消、再生エネルギー導入等

都市

自立分散型社会

（地域資源【自然・物質・人材・資金】の循環）
地産地消、再生エネルギー導入等

森
里
川
海

◆資金・人材などの提供
・エコツーリズム等、自然保全活動への参加
・地域産品の消費
・社会経済的な仕組みを通じた支援
・地域ファンド等への投資　等

出典：環境省HP

このモデル事業では、顕在化している課題を解決するだけでなく、課題に対応できる地域社会に変えること（ローカルSDGs）が重要であるとしています。取り組む際のポイントとして①統合性、②バックキャスティング、③パートナーシップ、④アウトサイドインの4つを挙げています。

■持続可能な社会をわたしたちの手で

地球環境問題を解決するための代表的なキーワードは「Think Globally, Act Locally」です。この意味は、環境問題に対応するには、「地球規模（グローバルな視点）で考え、足元から行動せよ」ということです。現在の環境問題は地球規模に広がっていますが、具体的なことから行動を始めることが大切であると訴えています。

■豊かな暮らしの実現に向けて

「生活」という言葉は、「生」と「活」の2文字から成り立っています。「生」は「生存」「生態」などの言葉で表されるように、生命を維持するために必要な衣食住の確保や、経済的・財政的支援などの基本的なものを示します。また「活」は「活力」「活発」「活躍」などの言葉で表されるように、多様で生き生きと暮らすための楽しさや快適さなど、「生」の付加価値を意味します。

情報・サービス産業が進化した現代においては、「生産者」と「消費者」の垣根は次第に薄れています。特にインターネットの普及に伴い、生産者顔負けの知識や技術を持つ消費者が登場しています。このような消費者のことを、アルビン・トフラーは『第三の波』（1980年）の中でプロシューマーと名付けました。

■個人の意識改革から大きな取り組みへ

一人ひとりが環境に意識して日常生活を見直し、自分のできることからスタートすれば、最初は小さな行動でもやがて大きな貢献へとつながります。家庭、学校、職場などを通じて環境に関心を持ち、自分たちのやるべきことを

統合性
複雑に絡み合った地域の課題について、同時に解決を目指す。

バックキャスティング
2030年に向けた目標を設定して、その実現を考える。

パートナーシップ
地域の力を結集して社会を変える。

アウトサイドイン
異なる視点を持つステークホルダーが、協働して俯瞰的に現状を捉える。

プロシューマー (Prosumer)
Producer（生産者）とConsumer（消費者）を組み合わせた造語。消費者は、自分たちが消費するものを自分たちで生産していくようになるという考え方に基づく。

行えば、美しい自然環境は保全・再生され、快適な生活環境は整備されていくのです。

■「エコピープル」となる皆様へ

AIなどテクノロジー、ESG、SDGs、カーボンニュートラルなど社会・経済を取り巻く環境が大きく変化しようとしています。このような時代、CSRの原点ともいわれる近江商人の精神「三方よし」（売り手よし・買い手よし・世間よし）に「未来よし」をプラスし、「四方よし」を目指していきましょう。現在だけでなく未来の世代・世界もサステナブル（持続）であるようにいたしましょう。

最後に、SDGsの17目標、169ターゲットの一番最後である結語を紹介します。

【2030年までに、より良い世界へと変えるため、本アジェンダを十分活用し、達成するための揺るぎないコミットメントを、我々は改めて確認する。】とあります。

是非とも皆さまがより良い社会に変革していくリーダー、コーディネーターとして活躍されることを期待しております。

近江商人が経営理念として表した言葉として「三方よし」があります。また、明治期の実業家、渋沢栄一は著書『論語と算盤』の中で、「正しい道理の富でなければ、その富は完全に永続することが出来ぬ」と現代のCSRに近い考えを示しています。

📖 **四方よし**
「四方よし」は、著者（鈴木和男）が2000年代初めから提唱しているもの。現代人の我々が日々排出しているCO_2や廃棄物等は、温暖化や環境破壊など将来世代に悪影響を及ぼすため、現代世代の責任を認識することが重要である。

問題 　**次の文章の（　）に当てはまる語句はなにか。**

1 コンビニやスーパーをまちの安全・安心の拠点として位置づけ、安全・安心なまちづくりと青少年環境の健全化に取り組む活動を（ ア ）という。

2 各地域が美しい自然景観などの地域資源を最大限活用しながら自立・分散型の社会を形成しつつ、地域の特性に応じて資源を補完し支え合うことにより、地域の活力が最大限に発揮されることを目指す考え方を（ イ ）という。

3 消費者が、自分たちが消費するものを自分たちの手で生産していくようになるという考え方に基づいた造語を（ ウ ）という。

4 ローカルSDGsの4つのポイントのうち、異なる視点を持つステークホルダーが、協働して俯瞰的に現状を捉えることを（ エ ）という。

 答え 　**1** ア：セーフティーステーション　**2** イ：地域循環共生圏
3 ウ：プロシューマー　**4** エ：アウトサイドイン

次の文章の（　）に当てはまる語句は何か。

① （ ア ）は世界各国の研究者たちが3つの作業部会に分かれ、気候変動に関する科学的知見について国際的アセスメントを行っている。

② SDGsの理念に沿った統合的取組をしている自治体は内閣府により（ イ ）として選定される。

③ ESGに関するイニシアティブの一つであり、企業の気候変動に関するリスクと機会に対する財務情報を開示する枠組みを（ ウ ）という。

④ 製品のライフサイクル全体で排出されるCO_2などの温室効果ガス量を製品に表示することを（ エ ）という。

⑤ （ オ ）はEUで実施された法律で、特定有害10物質の使用制限を定めたものである。

⑥ （ カ ）は、商品設計時に配慮することによって企業にとって原価削減や廃棄コスト削減のメリットがあり、企業の利益拡大が見込まれる。

⑦ （ キ ）は、EU域内に流通する廃電気・電子機器の回収やリサイクルを義務とする法律である。

⑧ EU圏内で年間1トン以上製造・輸入される化学物質の毒性情報などの登録・評価・認定を義務づけた規則を（ ク ）という。

⑨ 環境や社会への影響にも配慮した商品やサービスの購入を積極的に行う消費者を（ ケ ）と呼ぶ。

⑩ 農林・漁業などの活性化を図るために、第一次産業・第二次産業・第三次産業を連携して行う産業形態である（ コ ）が注目されている。

⑪ 生ごみなどの有機廃棄物を微生物の働きにより分解し、堆肥にする方法を（ サ ）という。

⑫ 環境や差別などの社会的課題も視野に入れて配慮し、論理的に正しい消費やライフスタイルを（ シ ）という。

答え

① ア：気候変動に関する政府間パネル（IPCC）　② イ：SDGs未来都市
③ ウ：TCFD　④ エ：カーボンフットプリント
⑤ オ：RoHS指令　⑥ カ：環境配慮設計
⑦ キ：WEEE指令　⑧ ク：REACH規則
⑨ ケ：グリーンコンシューマー　⑩ コ：6次産業化
⑪ サ：コンポスト　⑫ シ：エシカル消費

総まとめ問題①
力試し！確認問題

力試し！確認問題

環境・社会問題の国際的取組に関し、次の〔A群〕①〜⑤のテーマについて、最も関係の深い条約、議定書、行動計画または国際機関を〔B群〕ア〜オの中からそれぞれ選びなさい。

〔A群〕

① 地球温暖化への取り組み

② オゾン層の破壊への取り組み

③ SDGs

④ 野生生物の国際的保護

⑤ 企業の社会的責任の国際標準化

〔B群〕

ア．ワシントン条約・ラムサール条約

イ．国連サミット「持続可能な開発のための2030アジェンダ」

ウ．ウイーン条約・モントリオール議定書

エ．国際気候変動枠組条約

オ．ISO26000　SRガイドライン

第2問

次の記述の中で、内容が正しいものは○を、誤っているものは×をマークしなさい。

① Think Globally, Act Locally という標語が意味するように、誰もが地域や、仕事、家庭などでの身近な活動を通じて、世界や社会をよい方向に変えるチャンスを持っているといえる。

② 「持続可能な開発」とは、現代に生きる人々のみならず将来の世代の人々全てにも安心して暮らすことができる社会をつくるため、経済上の発展のみならず、自然環境との共生や社会公平性などの実現を重視した新しい開発のあり方をいう。

③ 国連の「環境と開発に関する世界委員会」委員長であるブルントラント氏

194

は、その報告書である「成長の限界」で「持続可能な開発」を求める提言を行った。

④ 「持続可能な開発のための教育」(ESD) は、2002年のヨハネスブルグサミットで、米国の市民と政府が共同提案したものである。

⑤ 二酸化炭素は、地球温暖化係数 (GWP) が最も高い。

第3問

地球環境の深刻化への対応として採択された、あるいは設立された〔A群〕の機構、議定書、宣言などについて、その説明を述べた最も適切な文章を〔B群〕から選びなさい。

〔A群〕
① モントリオール議定書 (1987年)
② 気候変動に関する政府間パネル設立 (IPCC、1988年)
③ ヨハネスブルグ宣言 (2002年)
④ 環境と開発に関する世界委員会 (ブルントラント委員会、1984年)
⑤ COP21パリ協定 (2016年11月発効)

〔B群〕
ア. 持続可能な開発に向けた参加各国政府首脳の政治的意志を示す文書。各国が直面する環境、貧困等の課題を踏まえ、清浄な水、衛生、エネルギー、食糧安全保障等へのアクセス改善、国際的に合意されたレベルのODA達成に向けた努力、ガバナンスの強化などのコミットメントを記述している。

イ. 世界の気温上昇を2℃より十分低く保つとともに、1.5℃に抑えるように努力する「1.5℃目標」を定めた。

ウ. オゾン層破壊物質の全廃スケジュールを設定し、非締結国との貿易の規制、最新の科学、環境、技術および経済に関する情報に基づく規制措置の評価および再検討を実施することを求めている。

エ. 世界気象機関 (WMO) および国連環境計画 (UNEP) により設立された国連の組織。各国の政府から推薦された科学者の参加のもと、地球温暖化に関する科学的・技術的・社会経済的な評価を行い、得られた知見は政策決定者をはじめ広く一般に利用してもらうことを目的としている。

オ．「我ら共有の未来」と題する最終報告書の中では、「将来の世代のニーズ
を満たす能力を損なうことなく、今日の世代のニーズを満たすような開発」
と説明されている。

第4問

次の①〜⑤の文章と最も関連の深い環境関連法等の個別法律名を、下記の語群か
ら1つ選びなさい。

① 工場等の事業活動や建物の解体にともなうばい煙、揮発性有機化合物、
特定粉じん（石綿）および粉じんの排出を規制するため、大気汚染の原因
となる施設の事前届出、吹付け石綿等を使用している建物の解体作業の
事前届出、排出基準の遵守および測定義務等を定めている。

② 環境基本法の基本理念にのっとり、循環型社会の形成について、3Rの基
本原則および排出者責任・拡大生産者責任などが事業者の責務であるこ
とを定めている。

③ 新規化学物質の製造・購入時の事前届出、新規化学物質の審査、新規化
学物質の製造許可・制限、製造・輸入実績（数量・用途）の届出等を定
めている。

④ ウィーン条約の的確かつ円滑な実施を図るため、特定フロン等の特定物質
の製造許可、特定物質の輸出時の届出、輸入時の承認、特定物質の排出
抑制・使用合理化の努力義務等を定めている。

⑤ 自然環境の適正な保全を推進するため、原生自然環境保全地域、自然環
境保全地域を指定し、各々保全計画を策定し推進することを定めている。

〔語群〕

ア．化審法　　　　　　　　　　　イ．化管法（PRTR法）
ウ．省エネ法　　　　　　　　　　エ．オゾン層保護法
オ．フロン回収破壊法　　　　　　カ．環境配慮法
キ．環境教育推進法　　　　　　　ク．資源有効利用促進法
ケ．循環型社会形成推進基本法　　コ．大気汚染防止法
サ．自然再生推進法　　　　　　　シ．自然環境保全法
ス．自然公園法

第5問

さまざまなエネルギーである〔A群〕について、それぞれ対応する事例・説明として適切なものを〔B群〕から選びなさい。

〔A群〕
① 一次エネルギー
② 二次エネルギー
③ 新エネルギー
④ 再生可能エネルギー
⑤ 化石燃料

〔B群〕
ア．太陽光発電、風力発電、廃棄物発電、バイオマス発電などの10種の発電や熱利用
イ．石油、石炭、天然ガス
ウ．都市ガス、電力、石油製品（ガソリン、灯油、重油など）
エ．石油、天然ガス、ＬＰガス、石炭、水力、原子力などのエネルギー
オ．太陽光、風力、水力、バイオマスなどのエネルギー資源

第6問

企業の社会的責任（CSR）に対する考え方は、時代とともに変遷してきたが、次の①～⑤の記述に関し、当てはまる最も適切な年代a～eをそれぞれ選びなさい。

① さまざまな社会貢献活動が推進される。金銭的寄付だけでなく、人的貢献、ノウハウ提供型の社会貢献活動、フィランソロピー、メセナ活動などが活発化される。

② 石油ショック後の物価の高騰、反企業ムードの高まり、利益至上主義に走った企業行動に対して、公害対策や利益の還元などの社会的責任を具体化する動きがみられるようになる。

③ 高度成長期の過程で、公害問題が深刻化。企業の環境責任が大きく問われるようになる。

④ エコファンドをはじめとする社会的責任投資（SRI）の台頭など、環境対策を含めた社会的側面からも企業を評価する動きの出現。

⑤ 経団連（現・日本経済団体連合会）が「企業行動憲章」を策定し、いままで個別に提示されてきた諸問題を総合的に「企業の社会的責任」としてとらえるようになる。大企業の内部では環境部等が設置されるようになり、環境保全対策が急務とされる。

a. 1960年代　　b. 1970年代　　c. 1980年代
d. 1990年代　　e. 2000年代～

地球は、46億年前に誕生し、長い歴史の中で生物が生きていくための自然環境がつくられてきました。地球が、現在の自然環境をどのようにつくりあげてきたか、次の①～⑤について、a.とb.との間にあてはまる変遷を古い順に並べなさい。

a. 太陽系第三惑星「地球」誕生

① 細胞に核をもつ真核細胞生物が現れる。

② 海に最初の生命体である原始バクテリアが誕生

③ 光合成を行うバクテリアが現れ、酸素が供給され始める。

④ オゾン層が形成され始め、有害な紫外線を吸収するようになる。

⑤ 「陸」と「海」が形成される。

b. 動植物が陸地に進出、森ができる。

次の①～⑤の説明文に最も適切な用語を、下記の語群から選びなさい。

① EU圏内で、電気・電子機器における鉛、水銀、カドミウム、六価クロム、ポリ臭化ビフェニル（PBB）、ポリ臭化ジフェニルエーテル（PBDE）の使用を原則禁止した。

② EU圏内で、大型家庭用電気製品、小型家庭用電気製品、情報技術・電気通信機器、消費者用機器照明機器、電気・電子工具、玩具等、医療関連機器、監視・制御機器、自動販売機など幅広い品目を対象に、各メーカーに自社製品の回収・リサイクル費用を負担させる指令。

③ PCB、DDT等の残留性有機汚染物質の削減や廃棄などを目的にしたもの。

④ EU圏内で化学物質の特性を確認し、予防的かつ効果的に、有害な化学物質から人間の健康と環境を保護することを目的とした法規制。約3万種類の化学物質の毒性情報などの登録・評価・認定を義務づけ、安全性が確認されていない化学物質を市場から排除していこうという考え方に基づいて制定。

⑤ 2014年に発足した国際NPO「The Climate Group」（英国）が推進。遅くとも2050年までに再生可能エネルギー100%で事業を運営することの宣言と毎年の進捗報告書の提出を要件とし、中間目標の設定などを推奨し

ている。

〔語群〕
　ア．RE100　　　　　　　イ．WEEE（ウィー指令）
　ウ．REACH（リーチ）規則　エ．RoHS（ローズ）指令
　オ．POPs条約

第9問

「環境と共生するために」に関し、次の①〜⑤の記述について、空欄に最もあてはまる語句を〔語群〕ア〜カの中からそれぞれ選びなさい。

①　二酸化炭素の排出を減らし、環境に配慮した暮らしをするには、まず身近な「ムダの発見」から始めてみましょう。ムダのチェックは、〔　①　〕を記してみればわかります。「待機電力」は、電力消費の1〜2割も占めていることが発見できます。

②　さまざまな分野で〔　②　〕の生活必要品が開発されていますが、価格の安さだけで品物を選ぶのではなく、総合的、長期的な視点で必要な生活財を選ぶ賢い生活者になりましょう。

③　ローマクラブの創設者であるアウレリオ・ベッチェイ氏は、1972年に〔　③　〕を提唱し、「人類と自然環境の関係はすでに緊迫した状態にありますが、さらに悪化し続けるでしょう。取り返しのつかない崩壊に至る前に、こうした状況を思いきってたださなくてはなりません」と述べています。

④　〔　④　〕社会形成推進基本法では、物質やエネルギーの使用・発生を抑制することを第一にして、産業による排出を最小化するために再使用・再生利用の比率を高めていくことが定められています。また、単に廃棄物処理・リサイクルのみの対策から、製品の設計や生産を含めた全体的な対応の重要性も求められています。

⑤　モノがあふれ、生活が豊かになるのと比例して、エネルギーの消費は著しく、生活・産業廃棄物も増加の一途をたどり、地球や生活環境は破壊され、〔　⑤　〕が急速に進んできました。

〔語群〕
　ア．負の循環　　イ．持続可能型　　ウ．循環型
　エ．環境配慮型　オ．環境家計簿　　カ．成長の限界

熱帯林に関する次の〔A群〕①～④の名称について、その説明を述べた最も適切な文章を〔B群〕ア～エの中からそれぞれ選びなさい。

〔A群〕

① 熱帯多雨林　　　② 熱帯モンスーン林

③ 熱帯サバンナ林　④ マングローブ林

〔B群〕

ア．季節風に支配され、乾季と雨季がある地域に広く分布し、タイ、マレーシアなど東南アジアに見られ、乾季には落葉する広葉樹林。

イ．年間を通して降雨のある南米のアマゾン川流域やアフリカなどに生育し、樹高50 ～ 70mにもなる常緑広葉樹林で、非常に多様な生物が見られ、地球上でもっとも豊かな森林。

ウ．大きな川の河口などの海水と淡水が入り混じる沿岸に生育し、林内には魚なども豊富で、森林と海の2つの生態系が共存している。漁業や高潮防災など、地域にとって大切な林。

エ．年雨量が比較的少なく乾季・雨季のある地域に広く分布し、樹高は低く20mくらいまででサバンナ草原内に散在して生育する林。

第11問

次の①～⑤の文章の〔　　〕の部分にあてはまる最も適切な語句を、下記のア～ウの中から1つ選びなさい。

① 〔　①　〕は酸素原子3個からなる化学作用の強い気体で、生物にとって有害な紫外線の多くを吸収する。地上から約10 ～ 50km上空の成層圏には、大気中の〔　①　〕の約90%が集まって〔　①　〕層を形成する。

　　ア．フロンガス　　イ．二酸化炭素　　ウ．オゾン

② 海の表層では、大量の二酸化炭素が海水に溶けこみ、「〔　②　〕」などによって海の深層に貯蔵される。海洋の二酸化炭素の吸収量は、地球上のすべての森林が吸収する量に匹敵するといわれている。

　　ア．生物ポンプ　　イ．植物プランクトン　　ウ．熱塩循環

③ 窒素、リン、〔　③　〕は、"肥料の3要素"と呼ばれ、植物の生長に重要な栄養分。〔　③　〕は根肥として根や球根の生長を促進し、植物全体の

生理作用を調整し、病気に対する抵抗力を強化する働きがある。

　　ア．カルシウム　　　イ．カリウム　　　ウ．ナトリウム

④　樹木によって張り巡らされた根はしっかりと大地を支え、厚い落ち葉に覆われた土壌には雨水が蓄えられ、「〔　④　〕」とも呼ばれている。この働きで肥沃な土壌の流出を防ぎ、洪水や土砂崩れなどの災害を防止し、わたしたちに大切な水を供給している。

　　ア．吸収・固定化　　　イ．地球の肺　　　ウ．緑のダム

⑤　環境中に放出された化学物質はごく微量であっても、食物連鎖の各段階を経るごとに生物の体内で濃縮され蓄積されて、場合によって死に至る毒の連鎖に変わる危険性がある。食物連鎖によって汚染物質濃度が増加していくことを「〔　⑤　〕」といい、ピラミッドの上位にいる生物ほどその影響を受けやすい。

　　ア．沈黙の春　　　イ．生態系ピラミッド　　　ウ．生物濃縮

第12問

大気汚染に関する次の記述のア〜オ部分に当てはまる最も適切な語句の組合せとして正しいものを①〜⑤から一つだけ選びなさい。

　かつて深刻な社会問題となった、硫黄酸化物（SOx）などの　ア　の大気汚染は、法規制や技術的対策が効果をあげて改善されています。近年、新しく問題となっているのは、　イ　といわれる大気汚染です。大都市などの交通量の増大により、主に自動車から排出される　ウ　や　エ　による大気汚染が課題となっています。

　また、　ウ　や　オ　が原因となって発生する光化学スモッグも、　イ　大気汚染として問題となっています。

① ア．浮遊粒子状物質（SPM）　イ．都市・生活型
　　ウ．窒素酸化物（NOx）　　エ．産業公害型　　オ．炭化水素（HC）

② ア．都市・生活型　　　イ．産業公害型　　　ウ．炭化水素（HC）
　　エ．窒素酸化物（NOx）　　オ．浮遊粒子状物質（SPM）

③ ア．産業公害型　　　イ．都市・生活型　　　ウ．窒素酸化物（NOx）
　　エ．炭化水素（HC）　　オ．浮遊粒子状物質（SPM）

④ ア．産業公害型　　イ．都市・生活型　　ウ．炭化水素（HC）
　　エ．窒素酸化物（NOx）　　オ．浮遊粒子状物質（SPM）

⑤ ア．産業公害型　　イ．都市・生活型　　ウ．窒素酸化物（NOx）
　　エ．浮遊粒子状物質（SPM）　　オ．炭化水素（HC）

第13問

土壌汚染に関する次の①～⑤の記述について、内容が正しいものは〇、誤っているものは×をマークしなさい。

① 土壌が化学物質により汚染されると、その汚染土壌を直接摂取（摂食または皮膚接触）したり、汚染された土壌から化学物質が溶け出した地下水を飲むことなどにより、人の健康に影響を及ぼすおそれがあります。また、その影響は、局所的というよりむしろ広範囲に亘ります。

② 土壌汚染事例を汚染物質別に見ると、鉛、砒素、ふっ素などの重金属に加え、金属の脱脂洗浄や溶剤として使われるトリクロロエチレン、テトラクロロエチレンによる事例が多く見られます。

③ 土壌汚染への対策は、汚染を未然に防止する対策と、すでに発生した汚染の浄化などを実施する対策に分かれます。このうち、すでに発生した汚染の対策として、「廃棄物処理法」による廃棄物の埋立て方法の規制や「土壌環境基準の設定」、「地下水環境基準の設定」などが進められてきました。

④ いわゆる典型7公害のうち、土壌汚染だけが法規制がないといわれてきましたが、土壌汚染による人の健康被害の防止対策の確立が必要であるとの社会的要請の高まりをふまえ、「土壌汚染対策法」が2002（平成14）年に制定され、翌年に施行されました。

⑤ 土壌汚染対策法は、土壌汚染の状況の把握、土壌汚染による人の健康被害の防止に関する措置などの土壌汚染対策の実施により、国民の健康を保護することを目的としています。

第14問

公害・環境問題に関する次の記述の中で、内容が正しいものは〇を、誤っている
ものは×をマークしなさい。

① イタイイタイ病は、富山県神通川流域で1912年ごろから発生し1955年に
　確認された公害病。鉱業所からの排水に含まれていたメチル水銀化合物
　が原因で、体内に蓄積されて発症し、激しい痛みをともなうため、イタイ
　イタイ病といわれた。

② 公害対策基本法は、日本の公害防止対策の根本をなしている法律で、
　1967（昭和42）年施行。公害の定義や国、地方協団体の責務、白書の作
　成などを定めた。1993（平成5）年の「環境基本法」により廃止となったが、
　内容の大部分は引き継がれた。

③ BODとは、水中の汚物を化学的に酸化し、安定させるのに必要な酸素の
　量。値が大きいほど水質汚濁は著しい。科学的酸素要求量。主に、海域
　や湖沼の汚染指標として使用。

④ 典型7公害の騒音・振動・悪臭は、法規制により改善されたが、生活に密
　着した新たな都市・生活型公害である。快・不快といった主観的な"感覚
　公害"で、都市圏では苦情件数が増えている。

⑤ 一般廃棄物は産業廃棄物以外の廃棄物を指し、主に家庭から発生する家
　庭ごみをいう。オフィスや飲食店から発生する事業系ごみは、産業廃棄物
　として扱われる。

第15問

温室効果に関する記述について、①〜⑤の空欄に最も適切な語句を（語群）ア〜コ
の中からそれぞれ選びなさい。

　　地球の大気は、　①　を吸収する性質をもっています。それは、大気中
に含まれる微量の　②　や水蒸気などの　③　ガスが　①　を吸収
するからです。吸収された　①　エネルギーは　④　の振動運動によっ
て熱エネルギーとなり、さらに酸素や窒素の　④　と衝突して他の
　④　にも広がって大気全体が加熱されます。地球の大気の75％が
　⑤　に存在しますから、　③　ガスのほとんども　⑤　に存在して
いると考えられています。

〔語群〕

ア. 二酸化炭素	イ. オゾン	ウ. 成層圏	エ. 対流圏
オ. 温室効果	カ. 赤外線	キ. 紫外線	ク. 分子
ケ. 原子	コ. 地球温暖化		

第16問

「廃棄物」について述べた次の文章について、次の空欄に最も適切な語句を〔語群〕の中から選びなさい。

　「廃棄物」は、大きく「産業廃棄物」と「一般廃棄物」に区別される。「産業廃棄物」は、事業活動に伴って生じた廃棄物のうち、産廃法で定められた〔　①　〕の物と、輸入された廃棄物のことをいう。「一般廃棄物」は、産業廃棄物以外の廃棄物であり、家庭系ごみと〔　②　〕ごみがある。産業廃棄物は、〔　③　〕が処理の責任を負うが、一般廃棄物は、〔　④　〕が処理責任を負う。

　なお、揮発性や毒性、感染性など人の健康や生活環境に関わる被害を生じるおそれのある有害廃棄物は、〔　⑤　〕廃棄物という。

〔語群〕

ア. 分別	イ. 市町村	ウ. 30種類	エ. 20種類
オ. 事業者	カ. 特定管理	キ. 事業系	ク. 特別管理
ケ. 一般	コ. 粗大ごみ		

第17問

環境問題に関する次の〔A群〕①～⑤のテーマについて、最も関係の深い語句を〔B群〕ア～オの中からそれぞれ選びなさい。

〔A群〕

① 大気汚染
② 産業廃棄物
③ 森林破壊の原因
④ 砂漠化の原因
⑤ 野生生物種の減少

〔B群〕

ア. 黄砂
イ. エビ養殖場の乱開発
ウ. 過剰な家畜の放牧
エ. マニフェスト
オ. レッドリスト

第18問

〔A群〕①〜④のエネルギー資源について、〔B群〕ア〜エのあてはまる可採年数を
それぞれ選びなさい。なお、可採年数は、環境省「平成23年度版環境白書」世界の
エネルギー資源確認可採埋蔵に基づく。

〔A群〕　　　　　　　　　〔B群〕
① 石油　　　　　　　　ア. 119年
② 天然ガス　　　　　　イ. 20年
③ 石炭　　　　　　　　ウ. 63年
④ 金　　　　　　　　　エ. 46年

第19問

次の記述の中で、内容が正しいものは○を、誤っているものは×をマークしなさ
い。

① 太陽系の中で地球が誕生したのは約20億年前と考えられている。

② 有害な紫外線を吸収してくれるオゾン層は対流圏に存在する。

③ 大気循環は、気温格差を縮め、暑さや寒さを和らげ、また海面から水蒸気
を運ぶ水循環とも相まって陸地に雨を降らせる。

④ 海には地球上の水の97.5%が存在する。

⑤ 海には、二酸化炭素を吸収・放出する機能がある。

⑥ 豊かな森林の土壌には、藻類が土1g中に1千個、細菌にいたっては土1g
中に1億個という多種多様な微生物が生息している。

⑦ 熱帯林は、熱帯多雨林、熱帯モンスーン林、熱帯サバンナ林そして、マン
グローブ林に区別される。

⑧ 米国の科学者レイチェル・カーソンは、「沈黙の春」で、公害による環境破
壊の恐ろしさを警告した。

⑨ 清浄な大気や水、食料や住居・生活資材など私たちは多くのものを自然環
境から受け取っている。これら自然の恵みを「生態系サービス」と呼ぶ。

⑩ 人間活動が地球環境に与える負荷を計る指標で、人間一人が持続可能な
生活を維持するために必要となる食料生産などに使われる土地や水域の面
積を表したものを「カーボン・フットプリント」という。

次の①〜⑤の文章の〔　　〕の部分にあてはまる最も適切な語句を、下記の中から
1つ選びなさい。

① 〔　　〕は、水中の汚染を分解するために、微生物か必要とする酸素の量
　 をいう。

　　　ア．BCC　　　イ．BOD　　　ウ．COD

② 廃棄物は、廃棄物処理法で定められた20種類の〔　　〕と、それ以外の、
　 一般廃棄物に大別される。

　　　ア．特別管理廃棄物　　　イ．医療廃棄物　　　ウ．産業廃棄物

③ 先進国の有害な廃棄物が発展途上国に持ち込まれ、適正な処理がされず
　 環境に悪影響を与えることが起きている。この対策として〔　　〕が定め
　 られた。

　　　ア．E-waste　　　イ．マニフェスト　　　ウ．バーゼル条約

④ 都市の中心部の気温を等温線で表すと郊外に比べて島のように高くなるこ
　 とから都市部の熱汚染現象を〔　　〕と呼ぶ。

　　　ア．ハイランド現象　　　イ．ヒートアイランド現象　　　ウ．ミッドタウン現象

⑤ 大気中に存在する〔　　〕が、太陽から与えられたエネルギーによって地
　 球表面から放射される赤外線を吸収し、大気はその温度に応じた光を放
　 射する。この熱線の放射が繰り返し行われると地球表面と大気がお互いに
　 暖めあう、これが温室効果である。

　　　ア．温室効果ガス　　　イ．二酸化炭素　　　ウ．メタンガス

「**交通に関わる環境問題**」について述べた次の記述について、〔　　〕の部分にあて
はまる最も適切な語句を、下記の語群から選びなさい。

　　交通に関わる主要な環境問題には、地球温暖化や、〔　①　〕による大気
汚染がある。2019年度のCO_2排出量では、運輸部門は第〔　②　〕である。
これらの対策には、〔　③　〕、エコドライブの推進、環境負荷の少ないエコ
カーの普及、燃料の転換等がある。また、新しいまちづくりとして、〔　④　〕

がある。これは、町の〔　⑤　〕に、スーパーマーケット、役所、図書館、病院等を配置し、自動車をあまり使わなくても日常生活ができるような空間配置をしたものである。

〔語群〕

　ア．5位　　　　イ．コンパクトシティ構想　　　ウ．2位
　エ．中心　　　　オ．排ガス　　　　　　　　　　カ．外側
　キ．インテリジェントシティ構想　　　　　　　　ク．モーダルシフト

第22問

1992年に開催された地球サミットの成果について述べた記述の〔　　〕の部分に、下記の語群から最も適切な用語を選びなさい。

1.　「〔　①　〕に関するリオデジャネイロ宣言（リオ宣言）」の採択

2.　「〔　②　〕および生物多様性条約」の署名開始

3.　「〔　③　〕声明」の採択

4.　「〔　④　〕のための人類の行動計画アジェンダ21」の採択

〔語群〕

　ア．森林原則　　　　　イ．人間環境　　　　　　ウ．国際協力
　エ．持続可能な開発　　オ．気候変動枠組条約
　カ．バーゼル条約　　　キ．環境と開発

第23問

地球環境の深刻化への対応として採択されたり、設立された〔A群〕の機構、議定書、宣言などについて、その説明を述べた最も適切な文章を〔B群〕から選びなさい。

〔A群〕

① モントリオール議定書（1987年）

② 気候変動に関する政府間パネル設立（IPCC、1988年）

③ 持続可能な開発目標（国連サミット、2015年）

④ 環境と開発に関する世界委員会（ブルントラント委員会、1984年）

⑤ 人間環境宣言（「国連人間環境会議」（ストックホルム会議）にて採択、1972年）

〔B群〕

ア．193カ国・地域により「2030アジェンダ」が採択され、世界の貧困の撲滅と持続可能な社会の実現を目指すため2016年から活動が始まった。

イ．環境問題に取り組む際の原則を明らかにし、環境問題が人類に対する脅威であり、国際的に取り組む必要があることを明言している。また、現在および将来の世代のための人間環境擁護と向上を人類にとって至上の目標とし、環境や自然資源の保護責任、環境教育の必要性などを提言している。

ウ．オゾン層破壊物質の全廃スケジュールを設定し、非締結国との貿易の規制、最新の科学、環境、技術および経済に関する情報に基づく規制措置の評価および再検討を実施することを求めている。

エ．世界気象機関（WMO）および国連環境計画（UNEP）により設立された国連の組織。各国の政府から推薦された科学者の参加のもと、地球温暖化に関する科学的・技術的・社会経済的な評価を行い、得られた知見は政策決定者をはじめ広く一般に利用してもらうことを目的としている。

オ．「我ら共有の未来」と題する最終報告書の中では、「将来の世代のニーズを満たす能力を損なうことなく、今日の世代のニーズを満たすような開発」と説明されている。環境と開発は不可分であり、開発は環境や資源という土台の上に成り立っている。持続的な発展のためには、環境の保全が必要不可欠であるとする考え方を示した。

第24問

生物多様性の保全に関する記述について、空欄①〜⑤にあてはまる最も適切な語句を下記の語群の中から選びなさい。

1992年に開かれた「地球サミット（リオサミット）」で、生物多様性の保全とその持続可能な利用、利益の公平な配分を目的とする〔　①　〕が採択された。

1975年に締結された〔　②　〕は、絶滅のおそれのある野生動植物の国際的商取引を規制するもので、約3万種がその対象になっている。日本で1993年に制定された〔　③　〕は、国際取引規制だけでなく国内取引を規制し、希少野生動植物の保護・増殖も進めるなど内容は多岐にわたる。国内希少野生動植物種として427種（2022年1月現在）が指定されている。

〔 ④ 〕は、水鳥と湿地の生態系の保護を図るため、1971年に締結された国際条約である。日本は1980年に加入しており、現在までに登録した条約湿地は北海道の〔 ⑤ 〕、宮城県の伊豆沼・内沼、千葉県の谷津干潟、滋賀県の琵琶湖など53ヶ所（2023年8月現在）ある。

〔語群〕

ア．遺伝子組み換え規制法　　イ．生物多様性条約
ウ．生物多様性国家戦略　　　エ．ワシントン条約
オ．ラムサール条約　　　　　カ．知床
キ．釧路湿原　　　　　　　　ク．自然環境保全法
ケ．種の保存法

第25問

「循環型社会」を構築するため、2000年6月に「循環型社会形成推進基本法」が公布されました。同法の廃棄物・リサイクル処理に関する次のア～オの語句について、循環型社会に向けた処理の優先順位として①が一番高く、次に②が二番目に高く、⑤が一番低いとしたとき、同法の記述に即した正しい配列をa～eの中から1つ選びなさい。

ア．再使用（Reuse）　　　　a．① ア　② エ　③ イ　④ オ　⑤ ウ
イ．熱回収　　　　　　　　b．① ウ　② ア　③ エ　④ イ　⑤ オ
ウ．発生抑制（Reduce）　　c．① ウ　② エ　③ ア　④ イ　⑤ オ
エ．再生利用（Recycle）　　d．① オ　② イ　③ エ　④ ア　⑤ ウ
オ．適正処分　　　　　　　e．① エ　② ア　③ ウ　④ オ　⑤ イ

第26問

「SDGs」について述べた次の記述について、〔　　〕の部分にあてはまる最も適切な語句を、下記の語群から選びなさい。

SDGsは、2015年9月国連持続可能な開発サミットで採択され、2016年1月から施行された。SDGsの前には、〔 ① 〕（2001年～2015年、〔 ② 〕目標、21ターゲット、60インディケーター）があり、主に途上国の貧困と飢餓の撲滅等を目標としていた。

SDGsは、〔 ③ 〕年までに達成すべき17ゴール、〔 ④ 〕ターゲット、〔 ⑤ 〕インディケーターの3層構造になり、すべての人が平和と豊かさを享受できるようにすることを目標としている。

第27問

「エネルギー消費」について述べた次の記述について、〔　　〕の部分にあてはまる
最も適切な語句を、下記の語群から選びなさい。

　2020年度における日本の全エネルギー消費のうち45.6%を〔　①　〕部門が
占め、第三次産業を含む〔　②　〕部門は16.3%である。〔　③　〕部門は
15.6%であり、消費するエネルギーの約半分が電気、約3分の1がガス、残り
が石油である。〔　④　〕部門は、乗用車やバスなどの旅客部門と、陸運や
海運、航空貨物などで、ほとんどが〔　⑤　〕である。

〔語群〕

　　ア．業務　　イ．運輸　　ウ．天然ガス　　エ．電気

　　オ．産業　　カ．石油　　キ．家庭

第28問

化学物質の環境リスクに関する次の①〜⑤の記述の中で、その内容が最も不適切
なものを選びなさい。

①　レイチェル・カーソンは1962年に「沈黙の春」を出版し、化学物質の環境
　　汚染について警告を出しました。この本は、今日の環境保護運動の原点と
　　なる書といわれています。

②　化学物質の影響を考えるとき、重要なキーワードとなるのが「環境リスク」
　　と「有害性」です。「環境リスク」とは、化学物質が人や生態系などに悪い
　　影響を及ぼす性質（能力）のことをいいます。

③　ある化学物質がどのような性質をもち、どの程度の量になれば有害性が出
　　るのかを明確にし、実際その化学物質にどれだけさらされているのか（暴
　　露量）と比較することで、どの程度安全なのかを確かめることを化学物質
　　の「リスク評価」といいます。

④　「特定化学物質の環境への排出量の把握等及び管理の改善の促進に関
　　する法律」（PRTR法）は、企業などによる化学物質の自主的な管理の改

善を進め、環境の保全上の支障を未然に防ぐことを目的としており、PRTR制度（化学物質排出移動量届出制度）とSDS（化学物質等安全データシート）制度の2つを柱とした法律です。SDS制度は、化学物質を取引するさいに、成分、危険性、取り扱い上の注意などを示した資料の提供を義務づけした制度です。

⑤ レスポンシブル・ケア（RC）活動とは、化学物質を扱うそれぞれの企業が化学製品の開発から製造、運搬、使用、廃棄に至るすべての段階で、環境保全と安全を確保することを公約し、安全・健康・環境面の対策を行う自主的な活動です。

第29問

「日本のエネルギー政策」について述べた次の記述について、〔　　　〕の部分にあてはまる最も適切な語句を、下記の語群から選びなさい。

1990年代以降、地球温暖化防止への対応から、エネルギー政策は、経済効率性、安定供給の確保、〔　①　〕の3Eを柱として進められてきた。しかし、2011年3月の東京電力福島第一原子力発電所事故によって、〔　②　〕が加わった。

2015年にパリ協定が採択されると、全世界で脱炭素を加速する機運が高まり、わが国も2021年の第6次エネルギー基本計画で、2050年、〔　③　〕、2030年に、GHG排出量を〔　④　〕％削減する目標が掲げられた。その実現のために特に、化石燃料を削減するために〔　⑤　〕の導入が最優先で進められるようになった。

〔語群〕
　ア．再生可能エネルギー　　イ．保守性　　ウ．カーボンオフセット
　エ．56　　　　　　　　　　オ．46　　　カ．安全性
　キ．環境適合性　　　　　　ク．カーボンニュートラル

「サーキュラーエコノミー」に関する次の記述の①～⑤の空欄に最も適切な語句を〔語群〕の中からそれぞれ選びなさい。

　　持続可能な形で資源を利用する循環経済（サーキュラーエコノミー）が世界の潮流になっています。これは、従来の3Rである〔　①　〕、再使用（Reuse）、リサイクル（Recycle）の取組に加え、原材料の調達や製品・サービスの設計段階から資源の回収や再利用を前提とした取組です。このサーキュラーエコノミーの政策パッケージを最初に公表した財団の定義によれば、廃棄や汚染を取り除く〔　②　〕、製品と原材料を高い価値を持ったまま循環させ続ける〔　③　〕、自然を再生する〔　④　〕の3つがあげられています。このように、〔　⑤　〕の設計・開発の促進が進んでいます。

〔語群〕
　　ア．リフォーム　　　　イ．リフューズ　　　ウ．リデュース
　　エ．Circulate　　　　オ．Regenerate　　　カ．環境配慮型製品
　　キ．環境保全型製品　　ク．Eliminate

第31問

環境問題対策としての経済的手法に関する次の①～④の手法について、ア～オの想定できる代表例の中からそれぞれ当てはまるものを選択しなさい。なお、それぞれの手法のなかに、2例選ぶものもある。

　　①　税・課徴金　　　②　排出量取引　　　③　デポジット　　　④　補助金

〔代表例〕
　　ア．公害防止設備設置　　イ．炭素税　　　　　ウ．飲料容器回収
　　エ．温室効果ガス　　　　オ．排水課徴金

第32問

「製品の環境負荷」について述べた記述の〔　　　〕の部分に、下記の語群から最も適切な用語を選びなさい。

　　工業製品も地球環境に何らかの影響を及ぼしています。製品の材料は原料となる鉱石や〔　①　〕などを採掘、精製して得られます。製品はこれらの材料を加工してつくられます。この採掘、精製および製造（加工）には多くの

〔　②　〕が使われ、大気汚染物質、水質汚濁物質、廃棄物などの〔　③　〕
が排出されます。

　さらに製品は、消費者によって使用され、寿命がくると廃棄物として排出、
最後にリサイクル、焼却などの処理が行われます。この使用、処理において
も〔　②　〕が使われるなど〔　④　〕が発生します。

　このように、製品の〔　④　〕は、製品の原料の採取から製品が廃棄され
るまでの一連の工程（製品〔　⑤　〕）で発生します。したがって、製品の環
境改善には、製品の〔　⑤　〕における〔　④　〕を定量的に把握し、環境
にどのような影響を及ぼす可能性があるか評価する必要があります。このよ
うな問題に対処する手法の代表的なもののひとつに〔　⑥　〕があります。

〔語群〕
　ア．ライフサイクル　　　イ．ライフサイクルアセスメント（LCA）
　ウ．石油　　　　　　　　エ．エネルギー
　オ．環境負荷　　　　　　カ．環境負荷物質

第33問

「アジェンダ21」の概要について述べた、次の文章の空欄①～④の部分にあてはま
る最も適切な語句を下記の語群から選びなさい。

　「アジェンダ21」は、〔　①　〕開発を実現するために定められた具体的な行
動計画である。〔　②　〕の理念をふまえ、課題とその施策が規定されている。
アジェンダ21の各国の実施状況をレビュー・監視するため、国連に〔　③　〕
が設置された。アジェンダ21では、地方公共団体の取り組みを促進するため
に、行動計画としての〔　④　〕の策定を求めている。

〔語群〕
　ア．大規模　　　　　　　　　　　イ．持続可能な
　ウ．ローカルアジェンダ21　　　エ．持続可能な開発委員会（CSD）
　オ．人間環境宣言　　　　　　　　カ．リオデジャネイロ宣言
　キ．国連環境計画（UNEP）

「豊かな食事と環境の関係」に関する、次の〔A群〕①〜④のテーマについて、最も関係のある記述を〔B群〕ア〜エの中から、それぞれ選びなさい。

〔A群〕
　　① 食料自給率の低下
　　② 生活者が抱く食への不安
　　③ 食育の推進
　　④ トレーサビリティ

〔B群〕
　　ア．BSE、遺伝子組み換え食品、食アレルギーや内分泌かく乱化学物質など、食の安全にについて正しく知るには、テレビや新聞などの断片的な情報では、不足しがち。
　　イ．最も直接的な原因は、日本人の食の好みが米と魚中心の伝統的な日本食から、肉とパン中心の洋風な食生活へと変化したことにある。
　　ウ．朝食を抜く子どもや外食・中食が増加している。
　　エ．食品の生産、加工、流通などの各段階で、原材料の出所や食品の製造元、販売などの記録を記帳・保管して、食品についてさかのぼって確認できるようにすること。生産・流通側には、食品の安全性を確かめたいときや、トラブルが生じたときの原因究明に、あるいは食品の追跡や回収が容易にできるという利点がある。

第35問

シックハウス症候群に関する次の記述について、〔　　　〕の部分に下の語群から最も適切な用語を選びなさい。

　　シックハウス症候群は、〔　①　〕（揮発性有機化合物）による室内の空気汚染によって引き起こされる健康障害のことです。その正体は、ホルムアルデヒドや〔　②　〕などの化学物質で、〔　③　〕では5つを住宅性能表示のための特定測定物質に指定しています。これらは、一定の安全基準が設けられており、その範囲での使用や、注意書きなどにある決められた取り扱いを行っているかぎりはそれほど深刻に考える必要はないとされています。〔　④　〕では、たとえばホルムアルデヒドの室内濃度指針値〔　⑤　〕ppmと定めています。これらの基準を超えないような家づくりが、最低限求められています。

〔語群〕

ア．厚生労働省	イ．国土交通省	ウ．0.08	エ．0.1
オ．WHO	カ．VOC	キ．トルエン	ク．エチレン

第36問

アスベストに関する次の記述について、〔　　〕の部分に下の語群から最も適切な
用語を選びなさい。

　アスベストは、〔　①　〕とも呼ばれ、耐熱性能が高く加工しやすいため、
古くから屋根材としてのスレート材やブレーキ材、〔　②　〕材などに使用さ
れてきました。また、学校や病院などの大規模な建物での利用も多く、その
使用総量は明確には把握されていません。

　アスベストは存在すること自体が問題ではなく、リフォーム時や解体時に
そのきわめて細かい〔　③　〕を吸い込むことが、じん肺、悪性中皮種などの
原因になるといわれており、〔　④　〕では、肺がんを引き起こす可能性があ
ると報告されています。

　〔　⑤　〕では、実態の調査を続けるとともに、非石綿含有素材への代替
化を促していますが、解体などのさいにはじめてその利用がわかることが多く、
現場での注意が一番の対応策というのが現状です。

〔語群〕

ア．厚生労働省	イ．国土交通省	ウ．WHO（世界保健機関）
エ．石綿	オ．緩衝	カ．断熱
キ．粉塵	ク．繊維	

第37問

「国際社会の中の日本」に関する次の記述について、〔　　〕の部分に下の語群から
最も適切な用語を選びなさい。

　国際社会で日本が果たすべき役割として、世界の人口が80億人となった今、
日本の人口は、その世界人口の〔　①　〕％ですが、GDPは世界の〔　②　〕％
に相当する経済活動を行っており、米国、〔　③　〕に次いで、第3位になり
ます。このように、環境にも相応な影響を与えています。また、エネルギーの
大半を海外に依存し、食料自給率もカロリーベースで約〔　④　〕％とかな
りの依存となっています。

2020年の日本のODA（政府開発援助）の実績は、贈与相当額ベースで世界4位でした。環境を主目的としてのODAの実績は、世界〔　⑤　〕位であり、環境分野の支援に力を入れていることがわかります。

〔語群〕

　　ア. 20　　　イ. 1　　　ウ. 10　　　エ. 4.7　　　オ. カナダ

　　カ. 中国　　キ. 40　　　ク. 1.6

第38問

次の①〜⑤の記述について、空欄に〔語群〕ア〜カの中から最もあてはまる語句をそれぞれ選びなさい。

　我が国は、古くからCSRの考えが強かったといわれています。近江商人が経営理念として表した言葉として〔　①　〕があります。また、明治期の実業家〔　②　〕は著書〔　③　〕の中で、「正しい道理の富でなければ、その富は完全に永続することが出来ぬ」と現代のCSRに近い考えを示しています。

　最近は、特に大手企業に対し、財務面での評価のみならず、環境、〔　④　〕、〔　⑤　〕の3つの側面での投資が重要視されるようになってきました。

〔語群〕

　　ア. 社会　　　　イ. 論語と算盤　　ウ. もったいない

　　エ. 三方良し　　オ. ガバナンス　　カ. 渋沢栄一

　　キ. 伊藤博文　　ケ. 経済

力試し！確認問題の解答

問題番号	正解と解説

第 1 問　①－エ　②－ウ　③－イ　④－ア　⑤－オ

第 2 問　①：○　②：○　③：×　④：×　⑤：×
③…「成長の限界」ではなく「我ら共有の未来」
④…米国ではなく、日本の市民と政府
⑤…二酸化炭素よりフロン類の方が数千～数万倍高い。ただし、二酸化炭素は世界の
　　GHGのうち排出量76％と多い。

第 3 問　①：ウ　②：エ　③：ア　④：オ　⑤：イ

第 4 問　①：コ　②：ケ　③：ア　④：エ　⑤：シ

第 5 問　①：エ　②：ウ　③：ア　④：オ　⑤：イ

第 6 問　①：c　②：b　③：a　④：e　⑤：d

第 7 問　⑤→②→③→①→④

第 8 問　①：エ　②：イ　③：オ　④：ウ　⑤：ア

第 9 問　①：オ　②：エ　③：カ　④：ウ　⑤：ア

第10問　①：イ　②：ア　③：エ　④：ウ

第11問　①：ウ　②：ア　③：イ　④：ウ　⑤：ウ

第12問　⑤

第13問　①：×　②：○　③：×　④：○　⑤：○
①…影響範囲は、局所的が正しい。
③…「廃棄物処理法」はすでに発生した汚染への対策としてではなく、汚染の未然防止対
　　策である。

第14問　①：×　②：○　③：×　④：○　⑤：×
①…イタイイタイ病は、カドミウムが原因。メチル水銀化合物→水俣病。
③…BODではなくCODの説明。
⑤…産業廃棄物は、企業などの事業活動にともなって生じた廃棄物のうち、法律で定め
　　られた20種類のものをいう。オフィスや飲食店から発生するごみは、一般廃棄物の
　　「事業系ごみ」に分類される。

第15問　①：カ　②：ア　③：オ　④：ク　⑤：エ

第16問　①：エ　②：キ　③：オ　④：イ　⑤：ク

第17問　①：ア　②：エ　③：イ　④：ウ　⑤：オ

第18問　①：エ　②：ウ　③：ア　④：イ

第19問　①：×　②：×　③：○　④：○　⑤：×　⑥：×　⑦：○　⑧：×　⑨：○　⑩：×
①…20億年前でなく46億年前
②…対流圏でなく成層圏
⑤…放出ではなく貯蔵
⑥…藻類が土1g中に1千個でなく10万個
⑧…公害による環境破壊でなく、農薬や化学物質による汚染
⑩…「カーボンフットプリント」でなく「エコロジカル・フットプリント」

問題番号	正解と解説
第20問	①：イ　②：ウ　③：ウ　④：イ　⑤：ア
第21問	①：オ　②：ウ　③：ク　④：イ　⑤：エ
第22問	①：キ　②：オ　③：ア　④：エ
第23問	①：ウ　②：エ　③：ア　④：オ　⑤：イ
第24問	①：イ　②：エ　③：ケ　④：オ　⑤：キ
第25問	b 優先順位の高い順から①発生抑制（Reduce）→②再使用（Reuse）→③再生利用（Recycle） →④熱回収→⑤適正処分　したがって、正解はbである。
第26問	①：キ　②：ウ　③：オ　④：ケ　⑤：ア
第27問	①：オ　②：ア　③：キ　④：イ　⑤：カ
第28問	②「環境リスク」の説明文ではなく「有害性」の説明文である。
第29問	①：キ　②：カ　③：ク　④：オ　⑤：ア
第30問	①：ウ　②：ク　③：エ　④：オ　⑤：カ
第31問	①：イ、オ　②：エ　③：ウ　④：ア
第32問	①：ウ　②：エ　③：カ　④：オ　⑤：ア　⑥：イ
第33問	①：イ　②：カ　③：エ　④：ウ
第34問	①：イ　②：ア　③：ウ　④：エ
第35問	①：カ　②：キ　③：イ　④：ア　⑤：ウ
第36問	①：エ　②：カ　③：ク　④：ウ　⑤：ア
第37問	①：ク　②：エ　③：カ　④：キ　⑤：イ
第38問	①：エ　②：カ　③：イ　④：ア　⑤：オ　（④、⑤は順不同）

総まとめ問題②
模擬問題

模擬問題

第1問 （各1点×10）

次のア〜コの文章のうち、内容が正しいものには①を、誤っているものには②を解答用紙の所定欄にマークしなさい。

ア．世界の人口は、2022年11月に80億人になった。その後、2080年代に約104億人に達し、2100年までその水準が維持されると予測されている。

イ．「拡大生産者責任」とは、その製品の生産者が、その製品が使用されている間での故障などの製品品質保証を行う責任をいう。

ウ．SDGsの目標1の貧困は、環境問題にも大きな影響を与えている。2022年世界で最も裕福な10人の資産は、最も貧しい40％に当たる約31億人分を上回っている。

エ．都市型洪水とは、地球温暖化により台風が接近しやすくなったために生じた豪雨のことである。

オ．温室効果ガスについて、温暖化に影響する度合いを示す地球温暖化係数が最も高いのは二酸化炭素である。

カ．SDGsの特色は複数あるが、その一つが社会的な「統合性」である。その意味するところは「誰一人取り残さない」という基本理念である。

キ．NPOは、さまざまな社会貢献を行うために設立された営利を目的としない民間団体の総称であり、日本の認定NPOの多くは、その収入の多くを補助金や助成金に頼っている。

ク．1972年にスウェーデンのストックホルムで開催された国連人間環境会議のテーマは"かけがえのない地球"であり、環境問題は地球規模で人類共通の課題となっていた。

ケ．市町村による低炭素のまちづくり計画の作成や、集約都市開発事業の実施などを通じて、コンパクトシティ化を推進する法律は循環型社会形成推進基本法である。

コ．生物多様性に対する取り組みとして、「国際的に重要な湿地と、そこに生息・生育する動植物の保全を促進する」ワシントン条約、そして「絶滅の恐れのある野生動植物の国際取引を規制する」ラムサール条約がある。

第2問　2−1　（各1点×5）

「地球の姿」について述べた、次の文章のア〜オの［　］の部分にあてはまる最も適切な語句を、下記の語群から1つ選びなさい。

　　地表面の［ ア ］は海で覆われている。そこには膨大な水が蓄えられ、豊かな生物群を育み、気候の安定化など地球環境の維持に大きな役割を果たしている。陸域は6つの大陸と大小さまざまな無数の島嶼（とうしょ）から成り立ち、それぞれの環境に適応した生物群が見られる。

　　地球を取り巻く厚い大気は、そのほとんどが［ イ ］と酸素で占められている。［ ウ ］の濃度はわずか0.04％ほどであるが、その温室効果で快適な気温が保たれており、これがまったくないと［ エ ］で保たれている地球の平均気温はマイナス18℃前後にも下がると推計されている。しかし［ ウ ］の濃度は増し続けており、地球の［ オ ］の原因にもなっている。

［語群］
① 円周　　② 直径　　③ 温暖化　　④ 5割　　⑤ 7割
⑥ 二酸化炭素　⑦ 水素　　⑧ 窒素　　⑨ メタン　　⑩ フロン
⑪ 約10℃　　⑫ 約15℃　　⑬ 約20℃

第2問　2−2　（各1点×5）

「ESG投資」について述べた次の文章のア〜オの［　］の部分にあてはまる最も適切な語句を、下記の語群から1つ選びなさい。

　　ESG投資とは、従前からの［ ア ］に加え、［ イ ］であるESG要素を考慮する投資をいう。ESGのEは環境、Sは［ ウ ］、Gは［ エ ］である。

　　国際連合が2006年に、投資家がとるべき行動として［ オ ］を打ち出し提唱したため関心を集めるようになった。

[語群]
① 社会　　　　② SRI　　　　③ 財務情報　　④ 企業統治
⑤ 非財務情報　⑥ セキュリティ　⑦ PRI
⑧ 人的資産　　⑨ 政府　　　　⑩ SDGs

第3問　（各1点×10）

次の文章が説明する内容に該当する最も適切な語句を、下記の中から1つ選びなさい。

ア．原子力や火力、水力、太陽光、風力などの電力を、IT の活用により供給側、需要側の両方を効率よく総合的に制御しようとするもので、次世代送電網といわれている。

① グリーンニューディール　　② スマートグリッド
③ ITS　　　　　　　　　　④ EANET

イ．半官半民の自然保護を目的とした国際的な団体であり、絶滅のおそれのある野生生物の一覧表であるレッドリストの基準を作成している。

① 国際環境計画（UNEP）　　　② 国連教育科学文化機構（UNESCO）
③ 国際自然保護連合（IUCN）　④ フェアトレード

ウ．近年、世界中で化学肥料を大量に使い、窒素とそれが川から海に流れCO_2の300倍の温室効果がある亜酸化窒素に変化して、海水温を上昇させ温暖化の原因の一つになっている。

① カルシウム　　② 亜鉛　　③ ナトリウム　　④ リン

エ．温泉水などによって沸点の低い媒体を加熱し、その蒸気でタービンを回して発電する方式。

① 地熱発電　　　② バイナリー発電
③ 揚水発電　　　④ 小水力発電

オ．赤道付近に分布する熱帯林には、野生生物種が豊富であり種の宝庫とよばれているが、特に熱帯多雨林は、光合成も非常に多いことからこのように呼ばれている。

① 緑の宝庫　　② 野生の宝庫　　③ 地球の肺　　④ 緑の回廊

カ．大きな河口などの海水と淡水が入り混じる熱帯・亜熱帯地域の沿岸に生息する林は、魚介類も豊富であり、高波の防災等でも大切な林である。

① 熱帯モンスーン林　　② 熱帯サバンナ林
③ 熱帯林　　　　　　④ マングローブ林

キ．EU圏内で、電気・電子機器における鉛、水銀、カドミウム等の有害化学物質10物質の使用を2000年より原則禁止した法規制。

① RoHS指令　　　② WEEE指令
③ 化学物質規制　　④ REACH規則

ク．地産地消などの持続可能なライフスタイルを推進し、自然環境の維持・再構築を通じて共生社会実現を目指す国際的な取り組みとして、日本が提案したもの。

① モニタリングサイト1000
② 東アジア酸性雨モニタリングネットワーク
③ SATOYAMA イニシアティブ　　④ 京都議定書

ケ．四大公害病のうち、工場が不知火（しらぬい）海へ流した排水メチル水銀が、魚介類に蓄積し、それら中毒化した魚介類を摂取することで、多数の湾岸住民が中枢神経疾患（感覚障害、運動失調、視野狭窄など）となった。

① 新潟水俣病　　② 四日市ぜんそく
③ イタイイタイ病　　④ 水俣病

コ．AIDSやエボラ出血熱、そして新型コロナウイルスCOVID-19など、かつて知られていなく、新しく認識された公衆衛生上問題となる感染症。

① パンデミック　　② 再興感染症
③ 新興感染症　　④ 人獣共通感染症

第4問 （各1点×10）

「SDGs」について述べた次の文章のア〜コの ［　］ の部分に当てはまる最も適切な語句を、下記の語群から1つ選びなさい。

　　2015年9月に開催された「国連持続可能な開発サミット」において「2030アジェンダ」が採択された。SDGsは、2030年までのグローバル目標として、［ ア ］の目標と ［ イ ］のターゲット、さらにそのターゲットを評価するための ［ ウ ］の指標が設定されており、3層構造になっている。

　　すべての人が平和と豊かさを享受できることを目指し、SDGsの基本理念として ［ エ ］という方針が掲げられている。また、持続的な開発のキーワードとして、「人間（People）」、「地球（Planet）」、「繁栄（Prosperity）」、［ オ ］、「連帯（Partnership）」の5つのPが示されており、SDGsの17のゴールは、この「5つのP」を具現化したものである。

　　SDGsには、①普遍性、②［ カ ］、③参画型、④統合性、⑤透明性・説明責任、という五つの特徴があり、多種多様な関係主体が連携しながらバランスのとれた形で目標を達成する必要がある。SDGsには、法的拘束力はないものの、モニタリング指標を定め、定期的にフォローアップする体制がとられている。

　　SDGsの前にあったMDGsは ［ キ ］のゴールであったが、SDGsは ［ ア ］のゴールとなっている。ゴール6には「すべての人々の ［ ク ］と衛生の利用可能性と持続可能な管理を確保する」、ゴール7には「すべての人々の安価かつ信頼できる持続可能な現代的 ［ ケ ］のアクセスを確保する」とある。またゴール14には「持続的な開発のために ［ コ ］資源を保全し、持続的に利用する」とあり、環境に深く関連した目標が多く挙げられていることがわかる。

〔語群〕

① 健康な生活　　② 包摂性　　③ 持続可能性

④ 自主性　　　　⑤ 「誰一人取り残さない（leave no one behind）」

⑥ 「可能性（Possibility）」　　⑦ 「平和（Peace）」

⑧ 海洋　　　　　⑨ 水　　　　⑩ 貧困

⑪ 生態系　　　　⑫ 土地　　　⑬ 232

⑭ 17　　　　　　⑮ 8　　　　　⑯ 7　　　　⑰ 169

⑱ イノベーション　⑲ エネルギー　　　　⑳ 自然

第5問 （各2点×5）

次の問いに答えなさい。

ア．「持続可能な社会に向けた取り組み」に関する次の①～④の記述の中で、その内容が最も<u>不適切なもの</u>を1つ選びなさい。

① ブルントラント委員会は、1987年に報告書「我らが共有の未来」を発表し、地球的規模で環境問題が深刻化していることを訴え「持続可能な開発」を提唱した。

② 1992年に、ブラジルのリオデジャネイロで「国連環境開発会議」が開催された。この会議の中で、持続可能な開発を実現していく上で基本とすべき原則として「環境と開発に関するリオ宣言」が採択された。

③ 2015年、国連に加盟する193カ国・地域により、「2030アジェンダ」が採択され、このアジェンダが掲げる「MDSs」が2016年1月からスタートした。

④ 持続可能な開発等、長期的目標を達成するためのアプローチとして、現状にとらわれずに将来のゴールを設定しそれを実現する施策を考える手法を「バックキャスティングアプローチ」という。

イ．「森林破壊の影響」に関する次の①～④の記述の中で、その内容が最も<u>不適切なもの</u>を1つ選びなさい。

① 野生生物種が絶滅する。

② 地球温暖化などの気候変動が促進される。

③ 森林火災等が発生する。

④ 木材資源や食糧・農産物が減少する。

ウ．「生態系サービス」に関する次の①～④の記述の中で、その内容が最も<u>不適切なもの</u>を1つ選びなさい。

① 食料や淡水、木材、繊維、医薬品の原料等を提供する「供給サービス」

② 気候調整、洪水制御、水の浄化等の「浄化サービス」

③ 精神的価値や、自然環境教育やレクリエーションの場の提供としての「文化的サービス」

④ 土壌形成、光合成による酸素の提供などの「基盤サービス」

エ．循環型社会に向けた優先順位について記載した次の①〜④の記述の中で、その内容が最も不適切なものを1つ選びなさい。

① ゴミを最初から出さないようにする「発生抑制」
② 使用したものを別の人に使ってもらう「再使用」
③ ゴミとして廃棄処分せずに、再資源化する「リサイクル」
④ リサイクルのできないゴミの最終処分である「熱回収」

オ．「ヒートアイランド現象」の原因について記載した次の①〜④の記述の中で、その内容が最も不適切なものを1つ選びなさい。

① 建物や工場、自動車などの人工排熱の増加
② 緑地の減少とアスファルトやコンクリート面の拡大による地表面被膜の人工化
③ 密集した建物による風通しの阻害や天空率の低下
④ 農地からのメタンガスの発生など温室効果ガスの増加

第6問　（各1点×10）

次の文章の［　　］の部分にあてはまる最も適切な語句を、下記の中から1つ選びなさい。

ア．食品に使われる環境ラベルの1つである［**ア**］は、環境と社会に配慮した責任ある養殖で育てられた水産物に与えられるものである。

① マリン・エコラベル・ジャパン　　　　② ASC認証マーク
③ レインフォレストアライアンスマーク　④ MSC「海のエコラベル」

イ．生物多様性とは、生きものたちの豊かな個性とのつながりのことをいう。これらの生命は一つひとつに個性があり、すべてが直接あるいは間接的に支えあって生きている。生物多様性条約では、生態系の多様性・［**イ**］の多様性・遺伝子の多様性という3つのレベルで多様性があるとした。

① 個体　　② 種　　③ 生物　　④ 生命

ウ．環境基本法は、「公害」とは「事業活動その他の［**ウ**］に伴って生ずる相当範囲にわたる大気汚染、水質の汚濁、土壌の汚染、騒音、振動、地盤の沈下及び悪臭によって、人の健康または生活環境に係る被害が生ずるこ

と」と定義している。

① 人の活動　　② 自然災害　　③ 地球温暖化　　④ 生態系の変化

エ. 有価証券報告書に [**エ**] が適切な投資判断ができるよう、TCFD をベースにした気候関連財務情報の開示が義務付けられた。

① 社員　　② 投資家　　③ 行政　　④ 経営者

オ. 2022 年 6 月現在、日本では 25 件の世界遺産が登録されている。自然遺産として登録されているのは、屋久島、知床、小笠原諸島、[**エ**]、奄美大島・徳之島・沖縄島北部および西表島である。

① 富士山　　② 白神山地　　③ 百合ヶ浜　　④ 上高地

カ. 2015 年のパリ協定合意後、我が国は 2050 年までに温室効果ガスの排出に対する [**カ**] を宣言し、その実現のために 2030 年までに 2013 年度比 46％削減の目標を掲げた。

① カーボンオフセット　　② カーボンニュートラル
③ カーボンクレジット　　④ カーボンフットプリント

キ. 先進国の有害な廃棄物が発展途上国などに持ち込まれ、処理設備や体制が不十分であることから適正な処分がされず、環境に悪影響を与えている。それらを防ぐための国際条約 [**キ**] が定められている。

① バーゼル条約　　② E-waste 条約
③ 廃棄物処理法　　④ マニフェスト

ク. 新築住宅などの塗料などに使用され、臭気や有害性を持ち、シックハウス症候群の原因になる物質を [**ク**] という。

① 可燃性廃棄物　　② ダイオキシン類
③ アスベスト　　④ 揮発性有機化合物

ケ. 公害対策技術の一つに、工場の排水や排気を、環境に放出される排出口で何らかの処理をすることを [**ケ**] 型対策という。

① フロントエンド　　② 環境配慮設計
③ 源流　　④ エンドオブパイプ

コ．家電リサイクル法の対象は、家庭用エアコン、テレビ、[コ]、電気洗濯
機・衣類乾燥機の4品目である。

① 電気掃除機　　　　　② 電子レンジ
③ 電気冷蔵庫・冷凍庫　④ パソコン

第7問　（各2点×5）

「地球温暖化」について述べた次の文章を読んで、ア～オの設問に答えなさい。

　　地球温暖化は、人類が大量の (a)化石燃料を消費してきたことが主な原因
である。気温上昇だけでなく大きな (b)気候変動が多方面にわたり多様な影
響を及ぼしている。

　　大量の化石燃料の消費により、温室効果ガス（GHG）が大量に排出され、
大気中のGHGの濃度が高まった。この過剰なGHG排出により、(c)地球の
平均気温が過去に例のないほど上昇している。この化石燃料の大量消費だ
けでなく、熱帯多雨林などの伐採等によるCO_2吸収量の減少もGHG濃度上
昇の大きな原因となっている。

　　これら気候変動に関する国際的取り組みに (d)「気候変動に関する政府間
パネル（IPCC）」がある。IPCCでは、世界の研究者、専門家が参加し、最新
の科学的・技術的・社会経済的な知見を集め、情報を整理・分析し報告書
を作成している。

　　また、(e)「国連気候変動枠組条約（UNFCCC）」が1992年に採択され、
締約国会議（COP）が開催され全締約国に対しGHG排出・吸収状況の目録
の作成と報告、GHG排出削減などの実施を定めた。

【設問】
　　ア．下線部 (a) の「化石燃料」について述べた文章のうち、最も適切なもの
　　　を1つ選びなさい。
　　　① 化石燃料とは、古代の動物類が化石化して生成されたもの。
　　　② 化石燃料とは、シダ林が地殻変動などで地中に埋まり、化石化した
　　　　ものが石炭であり、その他には、石油、天然ガスなどがある。
　　　③ 化石燃料には、ニッケルやマンガン等のレアメタルも含まれる。
　　　④ 化石燃料は、地球上に無尽蔵にあり環境問題が無ければ、このまま
　　　　使用し続けることがよい。

イ. 下線部 (b) の「気候変動の多様な影響」について述べた文章のうち、最も適切なものを1つ選びなさい。
① サンゴの白化現象の多くは気候変動の影響である。
② 外来生物が増大し、在来の野生生物に大きな影響を及ぼしている。
③ 北極海の海氷が減っているのは、海流の変化が原因である。
④ 森林火災の最大の原因は、野焼きである。

ウ. 下線部 (c) の「地球の平均気温の上昇」について述べた文章のうち、最も適切なものを1つ選びなさい。
① 温暖化の原因は、CO_2 より温室効果が20倍以上高いメタンガスの排出量が多いからである。
② 温暖化の原因は、オゾン層にオゾンホールができ、太陽からのエネルギーが直接、地球に降り注ぐようになったからである。
③ 温暖化の防止のために、石炭や石油より CO_2 排出が少ない天然ガスに全面的にシフトすべきである。
④ 地球の平均気温は、産業革命前の温度より現時点で約1.1℃上昇している。

エ. 下線部 (d) の「気候変動に関する政府間パネル（IPCC）」について述べた文章のうち、最も適切なものを1つ選びなさい。
① IPCC には、3つの作業部会があり、それぞれ報告書を公表し、最終的にそれらをまとめた評価報告書（統合報告書）が公表されている。
② 最新の評価報告書は、2021年〜2023年で公表された第5次評価報告書である。
③ 第2次評価報告書から IPCC では「人間の影響が大気、海洋及び陸域を温暖化させてきたことを疑う余地がない」ことで合意されている。
④ IPCC は、ヨハネスブルグサミットで、日本政府と市民団体の共同発案に基づいて設立された。

オ. 下線部 (e)「国連気候変動枠組条約（UNFCCC）」について述べた文章のうち、最も適切なものを1つ選びなさい。
① 1997年に京都で開催された COP3 では、京都議定書が採択された。
② 2015年に開催された COP21 では、2020年以降の国際的枠組み「グラスゴー協定」が採択された。
③ UNFCCC では、全締約国に対して、GHG インベントリの作成と報告、排出削減などの協力を求めている。

④ パリ協定では、世界の気温上昇を2℃より十分低く保つとともに、1.5℃に抑えるように努力する「1.5℃目標」を定めた。

第8問　（各1点×10）
　次の語句の説明として最も適切な文章を、下記の選択肢から1つ選びなさい。

ア．モーダルシフト
[選択肢]
① 交通渋滞や大気汚染への対策として、都心部や渋滞時間帯での自動車利用者に対し、利用料を徴収して交通量を削減する方法。
② 1台の自動車を複数の会員が共同で利用するシステム。
③ 出発地から近郊都市までは自動車を利用し、途中で電車やバスに乗り換えて目的地まで移動する方法で、地方都市の中心部などの渋滞対策として導入されている。
④ トラックによる貨物輸送を、環境負荷の少ない鉄道輸送や船舶輸送に切り替えること。

イ．大気汚染とその対策
[選択肢]
① 日本の大気汚染の始まりは、昭和の殖産興業政策によるもので、鉱山や工場からのばい煙が多く発生した。
② 大気汚染の原因物質として規制対象と定められているものの中で、VOCは常温常圧では揮発しにくい物質の総称である。
③ 大気中の窒素酸化物や炭化水素が紫外線により光化学反応を起こして、光化学オキシダントという大気汚染物質を生成させる。
④ 粒子状物質（PM）の中で、粒子の直径が$100\mu m$以下のものを浮遊子状物質（SPM）という。SPMは、重く大気中に対流しやすく、人間が吸い込むと呼吸器系に影響を与える。

ウ．ISO50001
[選択肢]
① 品質マネジメントシステムに関する国際標準
② 環境マネジメントシステムに関する国際標準
③ 情報セキュリティマネジメントシステムに関する国際標準

④ エネルギーマネジメントシステムに関する国際標準

エ．フェアトレード

[選択肢]

① 農薬や化学肥料などに頼らない有機農業を登録機関が審査・承認する制度。

② 貸金業者の出資の受け入れ、預り金及び金利などの取り締まりに関する法律。

③ 企業は、社会的構成員であることから、収益だけでなく持続可能な社会の実現に対する社会的責任がある。

④ 開発途上国からの原料や製品を購入する際、開発途上国の生産者や労働者の生活改善や自立を目指して、適正な価格で継続的に購入する貿易。

オ．カーボン・オフセット

[選択肢]

① 環境への影響をもたらす行為に対し課税し、環境保全のための対策資金に充てる仕組み。

② 大企業の技術・資金等を提供して行った、中小企業等の温室効果ガス排出削減量を認証して企業などの排出量削減目標達成などのために活用する制度。

③ 商品やサービスのライフサイクル全体を通して排出される温室効果ガスの量を合算し、CO_2に換算して見える化したもの。

④ 企業など組織が自社のCO_2排出量を、植樹などの行動で排出分を吸収してもらう仕組み。

カ．コージェネレーションシステム

[選択肢]

① 直流を自在な周波数の交流に変換するシステムで、家電製品のモーターの回転数を制御し、省エネに効果がある技術。

② 熱媒体（冷媒・熱媒）を使って熱を移動させ、冷却・加熱する技術。

③ 冷媒に二酸化炭素を使って、空気の熱でお湯を沸かす家庭用給湯器。

④ 都市ガス、重油、LPGなどを燃料として発電し、発生する排熱で温水や蒸気をつくり、冷暖房や給湯などに使用する技術。

キ．シェールガス・シェールオイル

[選択肢]

① 頁岩層に強力な水圧をかけて産出するこの資源で、米国は世界一のエネルギー産出国となった。

② 可燃性ガスを水分子が囲んだ形になり、日本の太平洋側の一部だけでも国内天然ガス消費量の10年分の資源が埋蔵されているといわれている。

③ 我が国は、オーストラリア、カタール、マレーシアなどから輸送時に液化させ、専用タンカーで輸入している。

④ ガソリン、軽油、重油、灯油等として、液体のため取り扱いも容易であるため、輸送用、産業用、暖房用等広く使用されている。

ク．二酸化炭素と地球温暖化

[選択肢]

① 温室効果ガスは、太陽からのエネルギーによって地表面から放射される紫外線のエネルギーを吸収・再放射することで、大気が暖まる。これが温室効果である。

② もし大気中に温室効果ガスが存在しなければ、地球の表面温度は－10℃前後になるといわれている。温室効果ガスがあるため、表面温度は＋20℃になっている。

③ IPCCの第5次評価報告書では、今後も化石燃料が大量に消費され続けると、世界の平均気温は今世紀末までに最大で4.8℃上昇する可能性があると発表した。

④ COP21パリ協定では、気温上昇を産業革命前の気温に対し、1.0℃以下にすることを目標にした。

ケ．活性汚泥法

[選択肢]

① 生ごみなどの有機性廃棄物を、微生物の働きによって再生土や肥料などにする方法。

② 土の中のバクテリアなど微生物が、動物の死骸や枯葉などの有機物を分解し、無機化すること。

③ 生物化学的な作用で、家庭排水や食品工場、パルプ工場などからの有機汚泥物質を分解処理するもので、排水を浄化する方法。

④ 生ごみを粉砕して排水と一緒に下水道に流すもの。

コ．ベースラインアンドクレジット

[選択肢]

① 温室効果ガスの排出削減活動を実施し、活動を行わないときの排出量または活動を実施する前の排出量と比べて、削減できた排出量をクレジットとして売買する仕組み。

② あらかじめ削減目標を決め、その達成のために総排出量に上限を定め、実際の排出量が排出枠を超えた場合、その差分を下回った主体などと取り引きする仕組み。

③ 事業者が太陽光、風力などの再生可能エネルギーを利用して発電した電気を、電力会社が一定期間、固定価格で買い取ることを義務づけたもの。

④ 太陽光、風力、地熱などの自然エネルギーや再生可能エネルギーによる電力に認証機関が証明書を発行し、これを取り引きする仕組み。

第9問　9−1　（各1点×5）

生物多様性の保全に関する記述について、ア〜オの空欄に最も適切な語句を、下記の語群の中から1つ選びなさい。

　1992年に開かれた「地球サミット（リオサミット）」で、生物多様性の包括的な保全とその持続的利用を目的とする［**ア**］の署名が行われた。わが国ではこれを実行するため、1995年に［**イ**］が策定された。

　2007年に改定された第3次国家戦略では、①開発・乱獲による生息地の減少、②里地・里山の変質、③外来種の影響の3つの問題に加え、地球温暖化による影響を深刻にとらえ、総合的な対策が計画されている。

　また、1975年に締結された［**ウ**］は、絶滅の危機にある野生生物の国際的商取引を規制するもので、約3万種がその対象になっている。わが国で1993年に制定された［**エ**］は、国際取引規制だけでなく国内の希少野生動植物の保護・増殖も進めており、国内希少野性動植物種として427種（2022年1月現在）が指定されている。

　［**オ**］は、水鳥とその生息地にある湿地の保護を図るため、1971年に締結された。

　　① 遺伝種組み換え規制法　　　② 生物多様性条約

　　③ 生物多様性国家戦略　　　　④ ワシントン条約

　　⑤ ラムサール条約　　　　　　⑥ 環境影響評価法

　　⑦ 生物多様性基本法　　　　　⑧ 自然環境保全法

　　⑨ 絶滅の恐れのある野性動植物の種の保存に関する法律（種の保存法）

第9問　9－2　（各1点×5）

環境経営・マネジメントに関する記述について、ア～オの空欄に最も適切な語句を、下記の語群の中から1つ選びなさい。

　現在多くの企業、行政など組織が構築・取得している環境マネジメントシステムが誕生した背景には、さまざまな環境問題に規制だけで対応することは難しいため、組織が自主的に環境改善を行うことが大切であるという認識が世界的に高まったことにある。環境マネジメントシステムとして代表的国際規格となっているのが、1996年に発行され、2004年に改訂された［**ア**］である。また日本では、この環境認証だけでなく、環境配慮法が2005（平成17）年4月から施行され、国などの機関は環境配慮の状況の公表、特定事業者（国に準じて公共性の高い事業者）は、［**イ**］の公表などが定められた。現在は、環境など非財務情報だけでなく財務情報も含めた統合報告書も大手企業を中心に発行されている。

　［**ウ**］は、環境面に着目した社会的責任投資（SRI）のひとつで、これは多くの国で、事業者の環境に配慮した事業活動の促進材料となった。［**エ**］とは、購入者が商品を購入する際に、価格、品質、利便性といった購入条件に加えて、環境にも配慮することをさす。これにより、市場を通じて企業の環境経営・商品開発を促進することが可能になる。

　気候変動問題の金融システムへの影響を検討するため、G20財務相・中央銀行総裁会議からの要請を受け金融安定理事会（FSB）が2015年に設立され、わが国では、2022年から東証プライム市場に上場する企業は、有価証券報告書に［**オ**］または同等の枠組みに基づいた開示が求められるようになった。

〔語群〕

① サステナブルレポート　② TNFD　③ ISO9001

④ グリーン調達　⑤ TCFD　⑥ PDCA

⑦ バックキャスティング　⑧ グリーン購入　⑨ エコファンド

⑩ 環境報告書　⑪ ISO14001

第10問　(各2点×5)

次の問いに答えなさい。

ア.「酸性雨」に関する次の①〜④の記述の中で、その内容が最も不適切なものを1つだけ選びなさい。

① 硫黄酸化物や窒素酸化物は、大気中で化学変化を起こし、硫酸、硝酸などに変化する。これが、雨や雪に溶けこむと酸性度の強い雨や雪、つまり酸性雨となる。

② 酸性・アルカリ性の強さは、水素イオン濃度(pH)という値で表され、pHは0〜14の範囲の値をとる。中性の状態をpH7と表し、7より値が大きいほど酸性が強く、値が小さいほどアルカリ性が強くなる。

③ 日本は、さまざまな規制や優れた省エネ技術により、硫黄酸化物、窒素酸化物の排出量は世界で最も低い水準にある。

④ 酸性雨による影響として重大なのは、湖沼の生物への悪影響や森林の衰退である。酸性雨は土壌を酸性化し、土の中の栄養分を流失させ、また植物に有害なアルミニウムなどの成分を溶け出させて植物や水生動物に被害を与える。

イ.「リオ＋20の開催目的」に関する次の①〜④の記述の中で、その内容が最も不適切なものを1つだけ選びなさい。

① 持続可能な開発に関する新たな政治的コミットメントを確保すること。

② 持続可能な開発に関する主要なサミットの成果の実施における現在までの進展および残されたギャップを評価すること。

③ すべての種類の森林経営、保全および持続可能な開発に関する世界的合意のために法的拘束力のない権威ある原則声明を採択すること。

④ 新しい課題または出現しつつある議題を扱うこと。

ウ.「公害防止技術」に関する次の①～④の記述の中で、その内容が最も不適切なものを1つだけ選びなさい。

① 硫黄酸化物（SOx）の排出抑制には、重油の脱硫や排煙脱硫装置の設置などの対策がある。

② 窒素酸化物（NOx）の排出抑制には、低NOx燃焼技術や排煙脱硝装置の設置などの対策がある。

③ ボイラーなどの燃焼装置から排出される「ばいじん」対策には、集じん装置などの対策がある。火力発電所をはじめとする大規模施設では、ろ過集じん装置が広く用いられている。

④ 排水処理方法には、物理化学的方法と生物化学的方法がある。生物化学的方法の代表的なものは、活性汚泥法である。

エ.砂漠化に関する次の①～④の記述の中で、その内容が最も不適切なものを1つだけ選びなさい。

① 食料の過剰耕作や過放牧、薪炭材の過剰な採取が行われ、そのことが砂漠化を進行させている。

② 国連砂漠化対処条約では、先進国と途上国が連携し、国家行動計画の策定、資金援助、技術移転などの取組を進めている。

③ 砂漠化が進んでいるのは、北アフリカ、南アメリカであり、中国やオーストラリア、インドでは灌漑設備の普及などにより改善がみられる。

④ 砂漠化の影響を受けやすい乾燥地域は、地球の地表面積の約41％であり、世界の3分の1の人々（約20億人）がそこに住んでいる。

オ.「環境配慮設計の利益・利点」に関する次の①～④の記述の中で、その内容が最も不適切なものを1つだけ選びなさい。

① 製品原価、ランニングコスト、廃棄コストの削減

② 故障率の改善による製品品質の向上

③ 環境への影響を低減することによる法的責任の軽減、将来のリスクの低減

④ グリーン購入・調達を希望する顧客への対応

模擬問題の解答

問題番号		正解と解説
第1問 (各1点×10)		
ア	①	
イ	②	:「拡大生産者責任」とは、生産者がその製品が使用され廃棄されたあとも、リユースやリサイクルについての一定の責任を持つという考えである。
ウ	①	
エ	②	:都市型洪水とは、地表表面のアスファルト化やコンクリート化によって、短時間に都市(都市河川)の排水能力を上回る集中的な降雨があると、排水が間に合わず、低い土地での浸水被害などが起こることをいう。
オ	②	:フロン類は二酸化炭素の数千倍〜数万倍の係数となっている。
カ	②	:「誰一人取り残さない」という理念は、「統合性」でなく「包摂性」である。
キ	①	
ク	①	
ケ	②	:エコまち法(都市の低炭素化の促進に関する法律)
コ	②	:「ワシントン条約」と「ラムサール条約」が逆。
第2問 (各1点×5)		
2-1 ア	⑤	
イ	⑧	
ウ	⑥	
エ	⑫	
オ	③	
第2問 (各1点×5)		
2-2 ア	③	
イ	⑤	
ウ	①	
エ	④	
オ	⑦	
第3問 (各1点×10)		
ア	②	
イ	③	
ウ	④	
エ	②	
オ	③	
カ	④	
キ	①	
ク	④	
ケ	④	
コ	③	

問題番号	正解と解説

第4問 （各1点×10）

ア	⑭
イ	⑰
ウ	⑬
エ	⑤
オ	⑦
カ	②
キ	⑮
ク	⑨
ケ	⑲
コ	⑧

第5問 （各1点×5）

ア	③：「MDGs」ではなく「SDGs」である。
イ	③：森林火災は、森林破壊の影響ではなく、森林破壊の原因の一つである。
ウ	②：「浄化サービス」ではなく「調整サービス」である。
エ	④：「熱回収」もできないゴミの最終処分は埋立地に埋める「適正処分（埋め立て）」である。
オ	④：農地からの温室効果ガスの発生はあるが、むしろ、農地なども含めた緑地が減り地表面被膜の人工化が進んだことが、ヒートアイランド現象を増大させている。

第6問 （各1点×10）

ア	②
イ	②
ウ	①
エ	②
オ	④
カ	②
キ	①
ク	④
ケ	④
コ	③

第7問 （各2点×5）

ア	②
イ	①：サンゴの白化の最大原因は、大きな気候変動の一つである温暖化による海水温の上昇によるもの。
ウ	④
エ	①
オ	①

第8問 （各1点×10）

ア	④
イ	③
ウ	④

問題番号			正解と解説
	エ	④	
	オ	④	
	カ	④	
	キ	①	
	ク	③	
	ケ	③	
	コ	①	
第9問	（各1点×5）		
9－1	ア	②	
	イ	③	
	ウ	④	
	エ	⑨	
	オ	⑤	
第9問	（各1点×5）		
9－2	ア	⑪	
	イ	⑩	
	ウ	⑨	
	エ	⑧	
	オ	⑤	
第10問	（各2点×5）		
	ア	②	pHの値が大きいほどアルカリ性が強く、小さいほど酸性が強い。
	イ	③	20年前の「リオサミット」で採択された「森林原則声明」である。
	ウ	③	大規模施設では、「ろ過」でなく、「電気集じん装置」が用いられている。
	エ	③	中国、インド、オーストラリアも砂漠化が進んでいる。
	オ	②	

模擬問題

覚えておきたい
重要キーワード集

覚えておきたい重要キーワード集

● 持続可能な社会

キーワード	説明
Think Globally, Act Locally.	地球環境問題を解決するための代表的なキーワード。環境問題に対応するには、「地球規模で考え、行動は足元から」という意味
持続可能な社会	・単にリサイクルや廃棄物処理の進んだ循環型だけではなく、経済・環境・社会のバランスがよく保たれた社会のこと。必要最低限の資源・エネルギーを最大限活用し、環境への負荷を最小にする社会 ・持続可能な社会の実現に有効で、必須な条件
持続可能な開発	社会的公正の実現や自然環境との共生を重視した新しい「開発」のあり方。1992年ブラジル開催の「地球サミット」以降、地球環境問題のキーワードとして定着
環境と開発に関する世界委員会（WCED）	1984年設立。ノルウェーのブルントラント首相から「ブルントラント委員会」と呼ばれ、1987年に「Our Common Future」（我ら共有の未来）を発表。その中で「持続可能な開発（Sustainable Development）」の概念が初めて打ち出された
リオ＋20	1992年の「国連環境会議（地球サミット）」（リオサミット）から20年後の2012年にブラジルのリオデジャネイロで開催。持続可能な開発と貧困撲滅のための「グリーン経済」が重要なテーマとして位置づけられた
バックキャスティング	長期的な目標（ゴール）を想定して、そこから実現に向けたプロセスを考える手法。これとは逆に、現状に立脚して将来を考える手法をフォアキャスティングという
持続可能な開発目標（SDGs）	2030年までに達成すべき17目標、169ターゲット、232指標から構成されており、193の加盟国が毎年進捗状況を報告している。SDGsは2015年までの共通目標であった、ミレニアム開発目標（MDGs）の後継とされている。「誰一人取り残さない」という基本理念が掲げられている
ミレニアム開発目標（MDGs）	2000年に採択された、2015年までに達成すべき8目標、21ターゲット、60の指標のこと

キーワード	説明
共通だが差異ある責任	地球温暖化の責任は先進国、新興国、途上国すべての国にあるが、今現在の温室効果ガスのほとんどは先進国が過去に排出したもの。このことから、先進国と途上国の責任には差異があるという考え
持続可能な開発のための教育（ESD）	SDGs4（質の高い教育を、みんなに）に示されている「持続可能な開発のための教育」は、SDGs実践のために必要不可欠
ODA（政府開発援助）	開発途上国の経済発展や福祉の向上を主目的とした政府または政府の実施機関によって供与される資金協力

● 公害

キーワード	説明
公害（環境基本法の定義による）	事業活動その他の人の活動に伴って生ずる相当範囲にわたる大気汚染、水質の汚濁、土壌の汚染、騒音、振動、地盤の沈下及び悪臭によって、人の健康または生活環境に係る被害が生ずること
典型7公害と関連法	大気汚染（大気汚染防止法）、水質汚濁（水質汚濁防止法）、土壌汚染（土壌汚染対策法）、騒音（騒音規制法）、振動（振動規制法）、地盤沈下（工業用水法、ビル用水法）、悪臭（悪臭防止法）
公害対策基本法	1967年（昭和42年）制定。日本の公害防止対策の根本。公害の定義のほか、国、地方公共団体、事業者の責務や白書の作成など公害対策を推進するために制定された法律。1993年（平成5年）の「環境基本法」の成立により廃止となったが、多くは引き継がれた
エンドオブパイプ	公害への対策方法の一つ。エンドオブパイプとは、管（パイプ）の末端（エンド）のこと。工場などからの排気、排水などの有害物質や、廃棄物などを「発生源」の時点ではなく、生産活動などの「最後の部分」で管理する規制方法
公害国会	1970年11月末の臨時国会、第64回国会は公害関連法令の抜本的整備が行われたため公害国会と呼ばれる。提出された公害関連14法案すべて可決・成立
地球環境問題	地球温暖化、オゾン層破壊、酸性雨、野生生物種の減少、森林の減少、砂漠化、海洋汚染、有害化学物質の越境移動、開発途上国の環境問題など時間的にも空間的にも大規模な環境問題

● 日本の公害

キーワード	説明
足尾銅山鉱毒事件	<u>日本の公害の原点</u>。19世紀から20世紀にかけて栃木県、群馬県の渡良瀬川周辺で起きた足尾銅山の排煙、排水および廃棄による公害。銅の精錬時の燃料による排煙、精製時に発生する二酸化硫黄、排水に含まれる鉱毒（金属イオン）などが原因。流域の土壌汚染が農作物に大きな被害を与えた
四大公害病	**イタイイタイ病・水俣病・四日市ぜんそく・新潟水俣病**
イタイイタイ病	1910年代〜70年代前半。富山県神通川流域で発生した**カドミウム**による**水質汚染**が原因。コメや野菜などを通じて人々の骨に対し被害（骨の変形、骨折しやすいなど）を及ぼした
水俣病	1956年熊本県水俣湾で発生した**メチル水銀**による**水質汚染**が原因。魚類の<u>生物濃縮</u>により人の健康被害が生じた。新日本窒素肥料（現在のチッソ）水俣工場が海に流した廃液による公害
四日市ぜんそく	三重県四日市市で、四日市第1コンビナートが操業を始めた1960年ころより、排出された**硫黄酸化物（SOx）**や**窒素酸化物（NOx）**などによる**大気汚染**が原因で喘息や気管支炎を発症
新潟水俣病	1965年新潟県阿賀野川流域で発生した**メチル水銀**による**水質汚染**が原因。魚類の<u>生物濃縮</u>を通じて人の健康被害が生じた。第二水俣病とも呼ばれる。四大公害病の中では最も発生が遅かったが、訴訟は最も早く提起された

● 地球＆自然環境

キーワード	説明
地球の姿	半径約6,400km、<u>太陽系で5番目</u>に大きい。地表面の<u>71%</u>は海、<u>29%</u>が陸地。陸域は6つの大陸と無数の島からなる。1,000万〜3,000万種の生物が生息
水	14億km³あるといわれる地球上の水のうち、<u>97.5%</u>が海水、残り2.5%が淡水。わたしたち人間を含む生物が利用できる河川や湖沼などにある淡水は<u>0.01%</u>
世界の人口	国際連合（国連）は、世界の人口は<u>2022年11月15日</u>に<u>80億人を超え</u>、2080年代におよそ104億人のピークを迎えたあと、減少に転じる可能性と発表
46億年の地球の歴史を1年に圧縮	<u>地球誕生からの46億年</u>を1年に圧縮すると、環境問題のほとんどは産業革命から始まった<u>最後の2秒間</u>の出来事

● 大気

キーワード	説明
大気の構成	地表に近い➡遠い順に、① 対流圏 ➡ ② 成層圏 ➡ ③ 中間圏 ➡ ④ 熱圏
大気の組成	窒素78.1%、酸素20.9%、アルゴン0.93%、二酸化炭素0.04%
対流圏	地表から10〜15km。空気がある。気象変化
成層圏	対流圏の上〜50km。オゾン層が紫外線を吸収。高度とともに気温上昇
中間圏	成層圏の上、50〜80km。高度に比例して温度が低下
熱圏	中間圏の上、80〜800km。短波長電磁波や電子エネルギーを吸収し、温度は2000℃にも達する
外気圏	大気の外側。熱圏の上〜数万km。宇宙につながっている
紫外線	有害な光線であり、波長によりUV-C、UV-B、UV-Aの3つに分類される

● 自然環境

キーワード	説明
非生物的要素 (無機的環境)	自然環境の構成要素のうち、大気、水、地形・地質・土壌、気候・気象など非生物のこと
生物的要素 (有機的環境)	自然環境の構成要素のうち、植物、動物、微生物など生物のこと
原始バクテリア	バクテリアとは細菌のことで、単細胞の微生物のこと。海の中でアミノ酸が変化し、40〜38億年前に地球に誕生した初めての生命体
光合成	植物や植物プランクトン、藻類など光合成色素を持つ生物が行う、光エネルギーを化学エネルギーに変換する生化学反応のこと。光合成では、二酸化炭素と水から炭水化物（有機物）を合成し、酸素を大気中に放出する。有機物の合成は植物のみが合成可能
水循環	陸上生物に不可欠な水を供給し、気温や気候の調節にもかかわるのが、海の大切な役割。暖められた海水から蒸発した水蒸気は雨となって台地を潤し、川を下り再び海へ帰ってくる。この循環のこと。例：海水➡水蒸気➡雲➡雨・雪➡河川➡海

キーワード	説明
植物プランクトン	プランクトンとは湖沼や海域で浮遊生活をおくる生物。水中で二酸化炭素や窒素、リンなどを吸収し、光合成を行うプランクトンのこと
海洋大循環	海の表層から深海底につながる海流のこと。約1000年かけて地球を一周。気候の安定にも影響を与える
有機物	炭素を土台とし、酸素、水素などを含む化合物のこと（例：たんぱく質、アミノ酸、脂肪、炭水化物）
無機物	基本的に炭素を含まない化合物のこと。地球誕生以前から存在し、太陽エネルギーなどの力により無機物から有機物が発生したと考えられている
森林面積	地球上の森林面積は陸地の約30％。日本の森林は国土の約66％と世界有数の森林大国
熱帯林	「地球の肺」と呼ばれ、活発な光合成を行い、大量の酸素を供給。また、「野生生物の宝庫」とも呼ばれ地球上の野生生物種の半数以上が生息するといわれている。①熱帯多雨林、②熱帯モンスーン林、③熱帯サバンナ林、④マングローブ林に区分される
熱帯多雨林	年間雨量2000mm以上と年間を通じて降雨。年平均気温25℃以上で、最高50～70mにもなる常緑広葉樹林。生物多様性の最も豊かな森林
熱帯モンスーン林	季節風により乾季と雨季がある。落葉広葉樹
熱帯サバンナ林	年間雨量が少ない地域に分布。樹高20mくらいまでと低いものが多い。サバンナ草原内に散在する林
マングローブ林	大きな川の河口など、海水と淡水が入り混じる沿岸に生育。魚なども豊富で、森林と海の2つの生態系が共存。漁業や高潮防災など地域にとって大切な林。エビ養殖場の乱開発によりマングローブ林が減少したという指摘がある
緑のダム	森林の働きの一つに、水を蓄え、土壌の流出を防ぐ機能があり、これは緑のダムと呼ばれる

● 自然の役割

キーワード	説明
大気の役割	①生物に酸素を、植物には二酸化炭素を供給、②地表を適度な気温に保つ、③大気循環により、水蒸気や各種気体を地球規模で移動させ、気候を和らげる、④オゾン層により、生物に有害な紫外線を吸収、⑤飛来する隕石を摩擦熱で消滅させ、地表への到達を妨げる
海の役割	①「水循環」により地上生物に不可欠な淡水の供給源となる、②生物ポンプにより二酸化炭素を吸収・貯蔵、③海洋生物の生存・成長の環境を与え、海洋資源を育成、④海流などの循環により物質を移動させ、気候を安定化
川の役割	①飲料水、生活用水、農業用水、工業用水、水力発電など生活に重要な水資源の供給、②上流の森や土中から栄養分を運び、河川の生態系を豊かにする、③海まで運ばれた栄養分は、植物プランクトンや海藻を育て、魚や貝類が生息する海中生態系をも育てる
土の役割	①根を張らせ農作物や樹木の生長を支える、②さまざまな物質を分解し、植物の養分を供給する、③水の浄化、水を蓄える、④陶磁器の材料、建築物などの土台や基礎材料となる
森林の役割	①光合成により、二酸化炭素を吸収し酸素を作る、②水を蓄え、土壌の流出を防ぐ、③生物の生存と食物連鎖の要である土壌を育てる、④木材資源の供給

● 生態系

キーワード	説明
生態系 (エコシステム)	食物連鎖など生物間の相互関係と、生物とそれを取り巻く無機的環境の間の相互関係を総合的にとらえた生物社会のまとまり。大きく、生産者(植物)、消費者(動物)、分解者(土壌生物)の3つに分けられる
土壌生物	土壌中に生息する植物、動物、原生動物、微生物のこと(例：高等植物の根、モグラ、ミミズ、ダニ、アメーバ、らん藻類、病原ウイルス)。土壌生物は落ち葉や動物の死骸などを「肥料の3要素」と呼ばれる窒素・リン・カリウムに分解する
進化	生物が周囲の環境条件に適応し、生き残るために姿や機能を変えていくこと
共生	異なる生物が密接な関係をもって活動すること。お互いの利益となる共生は、相利共生

キーワード	説明
食物連鎖	生物の餌はすべて生物。互いに「食べる－食べられる」この関係を食物連鎖という。食物連鎖の中では、植物を生産者、動物を消費者、土壌生物を分解者と呼ぶ
生態系ピラミッド	食べられる側は、食べる側より数多く生息し、生産者である植物を基盤に、一次消費者、二次消費者と続く三角形で表される。これを「生態系ピラミッド」という
生産者	生態系ピラミッドの中で、光合成を行って無機物から有機物（栄養分）をつくる生物。植物や植物以外の生物も含む
消費者	生態系ピラミッドの中で、ほかの生物から栄養分を得る生物。生物の遺骸や糞などから栄養分を得る「分解者」も含む
『沈黙の春』	1962年、米国の科学者レイチェル・カーソンの著作。農薬や化学物質による汚染が生物濃縮によって生物体内を移動し、「生命の連鎖が毒の連鎖」となって人間にも及ぶことを警告。多くの人々に環境への関心を持たせるきっかけとなった
生物濃縮	生態系の食物連鎖によって、化学物質が濃縮されていくこと。分解・排出されにくい化学物質が取り込まれた生物を摂取すると、捕食者の体内にも化学物質が蓄積される。これを繰り返すうちに、上位捕食者ほど化学物質の濃度が高くなる
ミレニアム生態系評価	この評価は、国連環境計画（UNEP）によって2001年から5年間かけて実施された。その目的は、生態系の変化が人間生活に与える影響を評価すること、および「生態系の保全」・「持続的利用」・「生態系保全と持続的利用による人間生活の向上」に必要な選択肢を科学的に示すこと
生態系サービス	ミレニアム生態系評価の中での生態系サービスとは、大気や水、食料や住居・生活資材など、人間が自然や生態系から受けている恩恵のことをいう。供給サービス、調整的サービス、文化的サービス、基盤的サービスの4つがある
供給サービス	生態系が生産する物質やエネルギー（食料、水、木材など）のこと
調整的サービス	生態系の仕組みによりもたらされる利益（水質浄化、気候緩和など）のこと
文化的サービス	生態系から得られる文化的・精神的な利益（レクリエーション、想像力など）のこと
基盤的サービス	生態系サービスを支える生態系の基本機能（光合成など）のこと

● 地球温暖化

キーワード	説明
地球温暖化	大気中の温室効果ガスの濃度が高くなることにより、地球表面付近の温度が上昇すること
温室効果ガス	・大気圏にあり、地球温暖化の原因となる気体。二酸化炭素（CO_2）は地球温暖化の大きな要因である。二酸化炭素、メタン、一酸化二窒素（亜酸化窒素：N_2O）、ハイドロフルオロカーボン類（HFCs）、パーフルオロカーボン類（PFCs）、六フッ化硫黄（SF_6）などのこと ・温室効果ガスにより、現在約15℃の快適な気温が保たれている。温室効果がまったくなければ、地球の平均気温はマイナス18℃となる
地球温暖化係数	地球温暖化に与える影響度を統一的に扱うための係数。二酸化炭素を1として換算
世界のCO_2排出量の順位（2019年）	①中国（29.4%）、②アメリカ（14.1%）、③インド（6.9%）、④ロシア（4.9%）、⑤日本（3.1%）
緩和策	温室効果ガスの排出削減の対策であり、再生可能エネルギーの使用、省エネルギー、森林・吸収源対策、排出されたCO_2の回収・貯留（CCS：Carbon Capture and Storage）などがある
適応策	温暖化による影響や被害の軽減に備えた対策。例えば、飲料水の確保や開発・備蓄、農業・食糧、干ばつや気温上昇に耐えうる品質改良、都市インフラの整備などがある
生物ポンプ	海の表層では、大量の二酸化炭素が海水に取り込まれる➡その二酸化炭素は植物プランクトンなどの光合成に利用される➡多くの海洋生物の身体になる➡遺骸はマリンスノーなどになる➡海の中、深層に沈降・溶解し貯蔵される。このポンプのように深層に送り出す機能をいう
熱塩循環	海洋大循環のひとつ。海水がグリーンランド周辺（北極周辺）で海底に沈み、1000年以上かけて世界中の深海底を巡って再び戻ってくること。気候変動に大きな影響を及ぼしているといわれる
IPCC（気候変動に関する政府間パネル）	1988年に世界気象機関（WMO）と国連環境計画（UNEP）によって設立された組織で、各国の科学者などの専門家が参加し、地球温暖化に関する研究や対策について、科学的、技術的、社会経済学的な観点から評価を行う

キーワード	説明
IPCC第5次統合報告書	2014年に公表。気候システムの温暖化は疑う余地がないとし、温暖化の主な原因は人間活動である可能性が極めて高いと結論づけた
IPCC第6次統合報告書	IPCC第6次統合報告書が、2023年3月20日　IPCC 第58回総会において承認された。産業革命前の世界平均気温温度に対し2011〜2020年に1.1℃上昇。2030年の世界全体のGHG排出量では、温暖化が21世紀の間に1.5℃を超える可能性が高く、温暖化を2℃より低く抑えることが更に困難になると発表
気候変動に関する国際連合枠組条約（UNFCCC）	いわゆる「気候変動枠組条約」。1992年、地球サミットにて署名開始。各締約国には、①温室効果ガスの排出量を1990年の水準に減らすための排出抑制や吸収・固定化、②結果予測情報を提出、③締約国会議で審査、④先進国の途上国への資金・技術援助などを規定している
地球温暖化対策推進法	「温室効果ガス排出量6%削減」を約束した京都議定書を受けて、1998年6月に制定され、地球温暖化に対して国や地方公共団体、事業者、国民それぞれの責務や取り組みの枠組みを定めた法。温室効果ガスを一定量以上排出している工場・事業所に対して、毎年排出量を報告することを義務づけた。2021年5月の改正温対法は、2050年までに「カーボンニュートラル」を実現。2030年度には温室効果ガスの排出量を2013年度比で46%減にするという中期目標を実現し、「脱炭素社会」の実現を目的に成立
パリ協定	2016年に発効。2020年以降の地球温暖化対策。産業革命前からの気温上昇を2℃より十分に低く抑える2℃目標を掲げたうえ、さらに1.5℃以内とより厳しい水準へ努力するとした。削減目標は各国が自主的に決定する
ギガトンギャップ	パリ協定には各国があらかじめ提出した当面の自主的な削減目標を組み込んだが、すべて達成しても気温は3℃近く上がると予想される。目標達成のためには、CO_2削減量は60〜110億トン足りない。（ギガトン＝10億トン）
サンゴの白化現象	サンゴが白くなり死んでしまう現象。その主な原因として、①海水温の上昇、②淡水や土砂の流入、③強い光、④藻が抜け出すことなどがある
海洋の酸性化	大気から吸収したCO_2が増大して海洋が酸性化すると、植物プランクトンやサンゴなど海洋生物の生息環境を変化させる要因となる

キーワード	説明
エコロジカル・フットプリント	人間が地球環境に与えている負荷を測る指標。人間1人が生活を維持するために必要となる食料やモノを生産するときに使われる土地および水域を面積で表したもの。単位はグローバルヘクタール（gha）／人

● 気温

キーワード	説明
猛暑日	1日の最高気温が35℃以上の日のこと
真夏日	1日の最高気温が30℃以上の日のこと
夏日	1日の最高気温が25℃以上の日のこと
真冬日	1日の最高気温が0℃未満の日のこと
冬日	1日の最低気温が0℃未満の日のこと

● 大気汚染

キーワード	説明
ばい煙	すすや燃えカスの固体粒子状物質。硫黄酸化物（SOx）、煤じん（すすなど）、窒素酸化物（NOx）など。明治時代、殖産興業政策により、鉱山や工場から多く発生
煤じん（ばいじん）	有機物が不完全燃焼を起こして生じる炭素の微粒子
大気汚染防止法	1968年制定。事業活動、建築物の解体などで発生する汚染物質（ばい煙、粉じん、自動車排ガス、有害大気汚染物質、VOC）の排出基準などを定めている
都市生活**型大気汚染**	大都市などの交通量の増大により、窒素酸化物（NOx）や粒子状物質（PM）など自動車の排ガスによる都市生活型の大気汚染が課題
硫黄酸化物（SOx）	化石燃料を燃焼させるときに発生。大気汚染や酸性雨などの原因となる。四日市ぜんそくの主原因
SOx排出抑制技術	①重油の脱硫、②排煙脱硫装置の設置
窒素酸化物（NOx）	燃料が高温・高圧で燃焼した時に、空気中の窒素と酸素が反応して窒素酸化物になる。光化学スモッグや酸性雨などの原因となる。主な発生源は、自動車のエンジン、発電所のボイラー、家庭のストーブなど
NOx排出抑制技術	①低NOx燃焼技術、②排煙脱硝装置の設置

キーワード	説明
SPM	浮遊粒子状物質。自動車排ガスと関連。都市生活型の大気汚染と関わる
HC	炭化水素。自動車排ガスと関連
VOC	揮発性有機化合物。常温常圧で空気中に容易に揮発する物質（ホルムアルデヒド、トルエン、キシレンなど）
スモッグ（smog）	「煙（smoke）」と「霧（fog）」からなる造語
光化学スモッグ	大気中の窒素酸化物や炭化水素が紫外線により光化学反応を起こし、光化学オキシダントという大気汚染物質により発生するスモッグ。刺激性が強く目やのどの痛みなどの健康被害が起こる
ロンドンスモッグ事件	1952年、イギリスの首都ロンドンは石炭暖房の出すばい煙・亜硫酸ガスと放射冷却によって発生した濃霧に覆われ、呼吸困難、チアノーゼ、発熱などの症状を訴える人が多数発生した
光化学オキシダント（Ox）	NOxとVOCが太陽からの紫外線を受けて反応し、発生する物質が光化学オキシダントで光化学スモッグの原因となる
黄砂	大陸の乾燥地帯から大量の微細な砂じんが、偏西風に乗って遠距離を運ばれたのち沈降し、黄色っぽい砂が降り積もる現象のこと
PM2.5	大気汚染物質の一つ。直径2.5マイクロ・メートル（1マイクロは100万分の1）以下の微粒子状物質で、吸い込むと肺の奥まで入り込み、肺がんなど呼吸器や循環器の疾患の原因になる可能性がある
粉じん	一般粉じんと特定粉じんがある。一般粉じんは、セメント粉、石炭粉、鉄粉など
自動車排気ガス	一酸化炭素（CO）、炭化水素（HC）、窒素酸化物（NOx）、鉛化合物、粒子状物質（PM）
有害大気汚染物質	ベンゼン、トリクロロエチレン、テトラクロロエチレン、ジクロロメタンなど

● 水質汚濁

キーワード	説明
閉鎖性水域	大量の生活排水が流入し、汚染物質が蓄積しやすい内湾、内海、湖沼、都市部の河川など

キーワード	説明
有機物（汚染物質）	水中の微生物により分解されるが、有機物の量が多いと水中の酸素濃度が下がり、腐敗してヘドロとなって沈殿する
栄養塩類	硝酸塩、リン酸塩など。栄養塩類が増えると富栄養化してプランクトンや藻類が大量発生し、赤潮やアオコの原因となる
赤潮	プランクトンの異常増殖により海や川、運河、湖沼などが変色する現象
アオコ	富栄養化した湖沼で植物プランクトンである藻が異常発生し、水面が緑色になる現象。藻類が死滅して腐敗臭を発したり、水中の酸素濃度が低下して水生生物や魚介類が死滅したりする
富栄養化	有機物の分解には水中の酸素が使用されるため、酸素濃度が下がる。さらに、排水に含まれる栄養塩類（窒素、リンなど）が過剰に増えると、富栄養な状態になる
水質汚濁の原因	河川汚染の約70%が台所・風呂・洗濯やし尿などの生活排水（家庭排水）といわれている
水質汚濁防止技術	①物理化学的方法（沈殿・沈降・ろ過などのほか、中和・イオン交換膜を用いた方法など）、②生物化学的方法（活性汚泥法など、人工的に培養された好気性微生物を利用）
水質汚濁防止法	事業場から公共用水域に排出される水の排出と地下に浸透する水を規制している。人の健康被害を起こす恐れのある有害物質27種類を健康項目として排出基準を設け規制
BOD	生物化学的酸素要求量。バクテリアが水中の有機物を分解するために必要とする酸素の量。微生物を使用するため測定に時間がかかる。値が大きいほど水質汚濁が進んでいることを示す。主に河川の汚染指標に使用
COD	化学的酸素要求量。水中の被酸化性物質を酸化剤により酸化し、使用した酸化剤の量から酸化に必要な酸素量を求めて換算したもの。BODより短時間で測定可能。値が大きいほど水質汚濁が進んでいることを示す。主に海域や湖沼の汚染指標に使用
特定有害物質	水質汚濁防止法で規制されている有害物質は27種類。カドミウム、シアン化合物、有機リン化合物、鉛、六価クロム、ヒ素、水銀、ポリ塩化ビフェニル、トリクロロエチレン、テトラクロロエチレン、ベンゼンなど

● 土壌汚染

キーワード	説明
環境基準	人の健康の保護および生活環境の保全の観点から、維持されることが望ましい基準として、環境基本法第16条に基づいて定められている
土壌汚染の特徴	①水や大気と比べて移動性が低い、②汚染されると長期にわたって汚染状態が続く、③局地的に発生、④外見からの発見は困難、⑤放置すると人の健康に影響を及ぼし続ける
土壌汚染対策法	土壌汚染による人の健康被害の防止対策の確立のため2003年施行。2009年4月改正。有害物質使用施設の跡地や一定面積以上の土地の形質変更などを行う場合などに土壌汚染調査が義務づけられた（例：宅地造成、土地の掘削、土壌採取、開墾）
放射性物質汚染対処特措法	2011年3月11日に発生した東日本大震災に伴う福島第一原子力発電所事故により放出された放射性物質による環境汚染への対処を定めたもの（2011年8月成立）

● 都市型環境問題

キーワード	説明
再生能力（自浄能力）	自然環境の生態系の作用により汚染が修復すること
感覚公害	人の感覚を刺激して不快感やうるささとして受け止められる公害（例：騒音・振動・悪臭など）
光害（ひかりがい）	①屋外照明の増加、照明の不適切または過剰な使用などによるまぶしさといった不快感、②信号などの重要情報に対する認知力の低下、③農作物や動植物への悪影響、④天体観測への影響など
都市型洪水	コンクリートやアスファルトに覆われたため、従来その土地が持っていた水を浸透させる保水機能と水を滞留させる遊水機能が失われる都市特有の洪水

● 騒音・振動・悪臭

キーワード	説明
騒音	発生源別苦情発生件数（2020年）は、①建設作業（37.7％）、②工場など（26.7％）、③営業（9.2％）、④家庭生活（7.6％）の順
振動	発生源別苦情発生件数（2020年）は、①建設作業（70.6％）、②工場など（15.3％）、③道路交通（6.6％）の順

キーワード	説明
悪臭	従来大部分を占めていた畜産農業や製造工場からの苦情が減少し、野外焼却（野焼き）や、飲食店などサービス業からの都市生活型の苦情が激増

● 放射性物質による汚染

キーワード	説明
福島第一原発事故	2011年3月11日の大震災と10mを超える津波により起きた福島第一原発事故は、全ての電源が喪失し、緊急停止した原子炉の冷却が制御不能に陥り、1～3号機の全てがメルトダウン。排出されたガスにより水素爆発を起こし、放射性物質が広範囲に飛散した
内部被ばく	農産物や水産物に移行した放射性物質の食物経由の被ばく
中間貯蔵施設	原発事故での放射性物質を含む土壌や廃棄物を最終処分するまでの間、安全に集中的に管理・保管する施設
地層処分	高レベル放射性廃棄物の処分方法。特別な容器に入れ、地下数百メートルの地中に埋設する

● 廃棄物

キーワード	説明
廃棄物処理法	正式名称「廃棄物の処理及び清掃に関する法律」。1970年制定。廃棄物の排出抑制、適正な分別、保管、収集、運搬、再生、処分などを行い、生活環境の保全と公衆衛生の向上を図ることが目的。①廃棄物の適正処理、②廃棄物処理施設の施設規制、③廃棄物処理業者に対する規制、④廃棄物処理基準の設定
産業廃棄物	事業活動に伴う廃棄物の中で、廃棄物処理法で定められた20種類。排出事業者が最終処分まで責任をもって処理業者に適正に委託するか、自ら適正に処理しなければならない
最終処分	不用品のうち、リユースやリサイクルが困難なものを処分するため最終的に行う埋め立て処分のこと。一部海洋投棄もある。リユースやリサイクルが増えていることから、最終処分量は減少している
一般廃棄物	産業廃棄物以外のもの

キーワード	説明
特別管理廃棄物	一般廃棄物および産業廃棄物のうち爆発性、毒性、感染性その他、人の健康または生活環境に係る被害を生ずる恐れのあるもの
廃棄物の処理責任	事業活動によって発生する産業廃棄物は、事業者が責任をもって適切に処理する
不法投棄	処理費用削減などの理由により山林や野原に勝手に捨てることをいう。2020年度は5.1万トンの不法投棄が判明。不法投棄件数で最も割合が多いのは建設系廃棄物（70.5%）(2020年度)
豊島不法投棄事件	悪質な廃棄物業者により大量の産業廃棄物が香川県の豊島（てしま）に搬入・放置されそれらの撤去・処分に多大な年月とコストがかかっている
産業廃棄物管理票（マニフェスト）	産業廃棄物の種類や数量、運搬や処理を請け負う事業者の名称などを記入し、管理する伝票。産業廃棄物の収集・運搬・中間処理そして最終処分などを他人（許可業者）に委託する場合、排出者が委託者に交付しなければならない。最近は、電子マニフェストが普及している
残余容量	現存する最終処分場に今後埋め立てできる廃棄物の量
残余年数	現存する最終処分場が満杯になるまでの残りの期間の推計年数。2009年度末、一般廃棄物18.7年、2008年度末、産業廃棄物10.6年分
E-waste	廃家電・電子機器のこと

● 循環型社会

キーワード	説明
循環型社会	廃棄物などの発生抑制、適正な循環的利用の促進、適正な処分の確保により、天然資源の消費を抑制し、環境負荷を可能な限り低減する社会
循環型社会形成推進基本法	廃棄物・リサイクル問題を解決し、「大量生産・大量消費・大量廃棄」型から、3R推進のための法律。2001年施行。循環型社会の形成に関する施策を総合的かつ計画的に推進することにより、国民の健康で文化的な生活確保に寄与することが目的。排出者責任、拡大生産者責任を踏まえた措置を定めている。低環境負荷の「循環」型社会を形成するための基本的な枠組みとなる。以下のリサイクル法が定められている 建設リサイクル法・食品リサイクル法・容器包装リサイクル法・自動車リサイクル法・家電リサイクル法

キーワード	説明
3R	3Rはリデュース（Reduce）・リユース（Reuse）・リサイクル（Recycle）の略。環境影響力の大小を考えると優先順位は以下のとおり。① リデュース（発生抑制）➡ ② リユース（再使用）➡ ③ マテリアルリサイクル（再生利用）➡ ④ サーマルリサイクル（熱回収）➡ ⑤ 適正（最終）処分
排出者責任	廃棄物を出す人が、廃棄物の処分やリサイクルに責任を持つということ。廃棄物・リサイクル対策の基本的原則の1つ
拡大生産者責任	生産者は製品設計において環境に対する配慮を組み入れ、その製品が使用され廃棄されたあとの処理まで責任を負うこと
物質フロー	我々がどれだけの資源をどのように使い廃棄しているかなど「もの」の流れを「物質フロー」という。この「物質フロー」をベースに循環基本計画が策定されている
レアメタル（希少金属）	埋蔵量が少ない、抽出が技術的に難しいなどの理由で生産量や流通量が非常に少ない31種の非鉄金属（リチウム、クロム、コバルト、ニッケル、プラチナ、パラジウム、レアアースなど）
都市鉱山	携帯電話に代表される廃棄された小型電子機器や、製造工程のスクラップなど、都市のゴミに埋もれたレアメタルなどの有用な資源を掘り出して、リサイクルする取り組みのこと
レアアース（希土類）	レアメタルの一種で、17種類の元素の総称。磁石や電池、LEDなどに少量加えると性能が向上する性質を持つ。ハイブリッド車や省エネ家電のモーターなどに使われている
デカップリング	経済成長の伸びに比べて環境負荷が増加しないように、負荷を乖離させていくこと

● 廃棄物とリサイクル

キーワード	説明
資源有効利用促進法	資源の有効な利用（3R）の促進に関する法律。① 製品の省資源化・長寿命化、② 事業者による製品の回収・リサイクル、③ 回収した製品からの部品などの再使用、④ 分別回収のための表示、⑤ 副産物の有効利用の促進
資源有効利用促進法でリサイクル識別表示が義務づけられたもの	アルミ缶・スチール缶・ペットボトル・紙製容器包装・プラスチック容器包装・小型二次電池・塩化ビニル樹脂製建設資材

キーワード	説明
家電リサイクル法	一般家庭や事務所から排出されたエアコン、テレビ（ブラウン管、液晶・プラズマ）、冷蔵庫・冷凍庫、洗濯機・衣類乾燥機などの特定家庭用機器廃棄物から、有用な部品や材料をリサイクルし、廃棄物を減量するとともに、資源の有効利用を推進するための法律。消費者は、家電店への引き渡しとリサイクル料金の支払い（後払い）が求められる
小型家電リサイクル法	家電リサイクル法の対象外の小型電子機器等の収集と、レアメタルなどの有用物の回収を促進するため2013年に施行された
食品リサイクル法	加工食品の製造過程や流通過程で生じる売れ残り商品、消費段階での食べ残し、調理くずなどが対象。発生抑制、減量化、また飼料や肥料の原材料などの再生利用について定めている。一般家庭からの生ごみは対象外。再生利用率は食品流通の川下になるほど低い
容器包装リサイクル法	消費者は分別して排出、市町村が分別収集、事業者は再商品化する、三者の役割分担を定めている
建設リサイクル法	建設工事受注者・請負者などに対して、コンクリート塊、アスファルト・コンクリート塊および建設発生木材について分別解体や再資源化を行うことを義務づけている
自動車リサイクル法	使用済み自動車の引き取り、引渡し、および再資源化などを適正にかつ円滑に実施するための措置を定めている。使用済み自動車の「シュレッダーダスト」「フロン類」「エアバッグ類」をリサイクル対象としている
シュレッダーダスト	廃棄する家電や自動車を工業用シュレッダーで破砕し、鉄や非鉄金属などを回収した後、産業廃棄物として捨てられているプラスチック、ガラス、ゴムなどの破片の混合物
バーゼル条約	有害廃棄物の国境を越える移動及びその処分の規制に関する条約
特定有害廃棄物の輸出入等の規制に関する法律（バーゼル法）	有害廃棄物の越境移動を規制するバーゼル条約の国内法

● ヒートアイランド現象

キーワード	説明
ヒートアイランド現象	都市の中心部の気温を等温線で表すと郊外に比べ、島のように高くなることから名づけられた

キーワード	説明
ヒートアイランド現象の原因	①緑地や水面・農地が減少し、熱の蒸散効果が低下した。②アスファルトやコンクリートなどの建築物・舗装面が増え、熱が吸収・蓄積されやすくなった。③エアコン、電気機器、自動車などの人工的な排熱量が増加した
ヒートアイランド現象対策	①人工的排熱量を減少する（例：省エネルギーの推進、交通渋滞の緩和対策など）、②地表面からの輻射熱を減少する（例：緑地や水面、土などの地表面積を増やす）
局地的集中豪雨	極めて狭い範囲に集中して短時間に降る大雨。ヒートアイランド現象による影響と考えられている
ヒートアイランド対策大綱	2004年政府策定。総合的なヒートアイランド対策の基本方針を提起。以下の4つの対策の柱を掲げ、目標と具体的施策を示している。①人工排熱の低減、②地表面被覆の改善、③都市形態の改善、④ライフスタイルの改善
自然保護条例	2002年12月東京都制定。一定規模以上の敷地を持つ新築・改築建築物に対して屋上緑化を義務づけた。その後名古屋市などでも同様の条例を制定
地下水涵養	雨水や河川水などが地中に浸透することによる、都市型洪水や河川の増水、地下水の塩水化などを防止するほか地盤沈下対策としても有効
緑のカーテン	建物の壁面などに植物を植えること。ヒートアイランド現象の対策にも有効
クールスポット	木陰や、人工的なミスト（霧状の水）の噴霧など、涼しく過ごせる場所

● オゾン層

キーワード	説明
オゾン層	オゾンは成層圏（約10数km～50km）に多く存在し、太陽光に含まれる有害な紫外線を吸収することによって地球上の生物を守る働きをしている。1気圧で正味厚さ3ミリしかない
オゾンホール	オゾンが破壊されたところ。オゾン層破壊が10％の規模になれば、皮膚ガンなどは26％増加する（国連UNEP発表）
オゾン層破壊	フロンにより急速に破壊が進んでいる。オゾン層が無くなれば、陸上生物は死滅する。国際的にフロンの生産・使用を禁止し、代替フロンの導入などで、地球上からのフロンの発生が無くなり、オゾンホールは縮小している。

キーワード	説明
特定フロン	正式名称：クロロフルオロカーボン（CFC）。オゾン層を破壊するフロン。炭化水素の水素原子を塩素とフッ素で置き換えた化合物。冷蔵庫・エアコンなどの冷媒、半導体の洗浄などに使われていた
代替フロン	オゾン層破壊性の少ないハイドロクロロフルオロカーボン（HCFC）と破壊性のないハイドロフルオロカーボン（HFC）の2つが代表的。地球温暖化係数は、数万。2020年に全廃することが決定された
ウィーン条約	・ オゾン層保護の対策のための国際的な枠組み条約。2000年にCFC4種類の50%削減を求めている。1985年締結、1988年発効 ・ 日本は1988年に加入し、特定フロンの全廃を決めた
モントリオール議定書	・ 1987年採択。CFC10種類を2000年に全廃することを決めた ・ ウィーン条約に基づき、オゾン層破壊物質（特定フロン、ハロン、四塩化炭素など）を指定し、これらの物質の製造や貿易を規制
オゾン層保護法	1988年制定。ウィーン条約やモントリオール議定書に関する国内法規。正式名称：特定物質の規制等によるオゾン層の保護に関する法律

● 酸性雨

キーワード	説明
酸性雨	工場の排煙や自動車の排気などに含まれる硫黄酸化物（SOx）や窒素酸化物（NOx）などが化学反応で硫酸や硝酸などに変化し、雨・雪に溶け込み地表に降ってくること。pH5.6以下の雨とされている
pH	水素イオン濃度。pH7が中性とされ、値が小さければ酸性が強く、大きければアルカリ性が強い
酸性雨の影響	①湖沼での生物の生息環境の悪化、②森林の衰退、③湖沼に住む魚類の減少・死滅、④建造物・金属製構造物・文化財などの溶解など
酸性雨に対する日本の取り組み	2001年　自動車NOx・PM法 2006年　大気汚染防止法
長距離越境大気汚染条約	1979年、酸性雨調査実施を規定（ヨーロッパ）
ヘルシンキ議定書	SOx排出削減を目的に1985年採択（ヨーロッパ）

キーワード	説明
東アジア酸性雨モニタリングネットワーク（EANET）	1998年から開始。2001年から本格稼動。中国、インドネシア、日本など13カ国が参加。毎年「東アジア酸性雨データ報告書」を作成、公表している

● 森林減少

キーワード	説明
森林破壊の主な原因	①非伝統的な焼畑耕作、②薪炭材の過剰伐採、③農地への転用、④過剰放牧、⑤不適切な商業伐採、⑥森林火災、⑦酸性雨の影響
森林破壊により生じる主な影響	①木材資源、食料・農作物の減少、②土の流出、洪水・土壌災害などの発生、③野生生物種の絶滅、④地球温暖化などの気候変動の進行
森林原則声明	1992年、地球サミット（リオサミット）にて採択された森林に関する初めての世界的な合意文書。国レベル、国際レベルで取り組むべき15項目の内容を規定している。正式名称は「全ての種類の森林の経営、保全及び持続可能な開発に関する世界的合意のための法的拘束力のない権威ある原則声明」

● 砂漠化

キーワード	説明
砂漠化	砂漠とは、降雨量が少なく、乾燥していて、植物が生育しにくい地域のこと。このような地域が広がることをいう
サヘルの干ばつ	1968〜1973年。数十万人の餓死者、および難民が発生。サヘルとはサハラ砂漠の南側地域のこと
国連砂漠化対処条約（UNCCD）	1994年採択。正式名称「深刻な干ばつ又は砂漠化に直面する国（特にアフリカの国）において砂漠化に対処するための国際連合条約」。砂漠化や干ばつの被害を受けている地域の持続可能な開発を支援することが目的

● 自然環境保全

キーワード	説明
ラムサール条約	1971年締結。特に水鳥とその生息地である湿地を保護することが目的の国際条約。正式名称は「特に水鳥の生息地として国際的に重要な湿地に関する条約」。国際湿地条約ともいう。日本では、2021年11月に出水ツルの越冬地（鹿児島県）が新たに追加され、現在53か所が登録されている
ワシントン条約	1975年締結。正式名称は「絶滅のおそれのある野生動植物の種の国際取引に関する条約」。野生動植物が乱獲されないよう、国際取引を規制する条約
種の保存法	ワシントン条約を国内法に適用したもの。正式名称：「絶滅のおそれのある野生動物の譲渡等の規制に関する法律」
国際自然保護連合（IUCN）	1948年設立。国、政府機関、非政府機関などによる世界最大の自然保護NGO。本部はスイスのグラン
レッドリスト	IUCNが発表する絶滅危惧種のリスト。2021年版では世界で4万48種が絶滅危惧種として登録
野生生物種減少の原因	①開発や森林伐採など生息環境の変化、②魚の乱獲など過度の資源利用、③水質汚濁など過度の栄養塩負荷、④気候変動、⑤外来種の侵入
レッドデータブック	わが国の絶滅危惧種について記載したデータブック。2020年時点で3,716種の生物が掲載されている
緑の国勢調査	植生や野生動物の分布、生態系の変化などの状況を調査する「自然環境保全基礎調査」のこと。「緑の国勢調査」とも呼ばれている
生物多様性	あらゆる生物種の多様さ、生態系・自然環境などが豊かでバランスがとれた状態であることを表した概念。多様性の種類には、「種の多様性」「遺伝子の多様性」「生態系の多様性」の3つがある
生物多様性条約	正式名称は「生物の多様性に関する条約」。1992年「地球サミット（リオサミット）」にて署名された。生物多様性の包括的な保全とその持続的利用が目的。2021年9月時点、196カ国が締結（米国は未締結）
生物多様性条約第10回締結国会議（COP10）	2010年10月、愛知県名古屋市で開催され、179の締約国および地域（EU）、NGOなど、約13,000人が参加。生物多様性の損失速度を減少させる戦略などの「愛知目標」と、遺伝資源へのアクセスと利益配分（ABS）の新たな枠組みである「名古屋議定書」が合意された

キーワード	説明
里地里山 （さとちさとやま）	奥山と都市の中間にあり、集落とそれを取り巻く林と混在する農地、ため池、草原などで構成されている地域のこと
SATOYAMAイニシアティブ	2010年COP10（名古屋市で開催）で日本が提案したもので、日本の里地里山や地産地消など、持続可能なライフスタイルにより形成・維持されてきた自然共生社会の実現を目指す取り組み
カルタヘナ議定書	遺伝子組み換えや生物の輸出入などに関する手続きなどを定めた議定書。日本では2005年カルタヘナ法が施行された
遺伝子組換え規制法	2004年施行。正式名称「遺伝子組換え生物等の使用等の規制による生物の多様性の確保に関する法律」。「カルタヘナ法」ともいう。バイオ技術を適切に使用し、生物多様性を維持していくことを目的
外来種	今まで生息していなかった地域に自然状態では通常起こりえない手段によって移動し、そこに定着して自然繁殖するようになった種のこと。特定外来生物
外来生物法	日本の野外に生息する外来種は2,000種以上。それらのうち生態系などに被害を及ぼす恐れのある「特定外来生物」はこの法律で捕獲などの防除措置が取られる
自然環境保全と再生のための施策	①環境アセスメント、②自然再生推進法、③自然環境保全地域・自然公園・鳥獣保護区などの指定、④生態系ネットワーク
自然環境保全法	自然環境の保全に関する基本的事項及び、保全地域制度などを定めた法律
環境アセスメント	大規模な開発を開始する前に事業者自らが、自然環境への影響を調査・予測・評価し、環境影響を低減させるための仕組み。「環境アセス」ともいう
戦略的環境アセスメント（SEA）	政策決定段階や事業の適地選定などの構想段階で行われる環境アセスメントのこと
環境影響評価法（環境アセスメント法）	・環境基本法（1993年制定）に環境アセスメントの実施に関する規定があったため、1997年制定 第1種事業（大規模事業）＝環境アセスメントは必須 第2種事業（第1種に準ずる事業）＝環境アセスメントは個別判断 ・手順は、①方法の決定（スコーピング）➡②実施➡③結果に対して意見を聴く➡④結果の反映と事後調査の実施
自然環境保全地域	自然環境保全法で規定

キーワード	説明
自然公園	国立公園、国定公園など、自然公園法で規定。日本の国土の14%を占める
鳥獣保護区	鳥獣保護法で規定。鳥獣の保護、繁殖を図るために指定されている区域
生物圏保存地域（ユネスコエコパーク）	自然を守るとともに、自然との共生を目指している。志賀高原、屋久島、甲武信など国内10か所が認定
ユネスコ世界ジオパーク	国際的重要性を持つ地質学的遺産を有し、その遺産を地域社会の持続可能な発展に活用している地域。国内では洞爺湖有珠山、伊豆半島、阿蘇など9地区が認定
生態系ネットワーク（エコロジカルネットワーク）	人間活動によって分断された野生生物の生息地を森林や緑地などで結び、生物の活動を回復する試み
バイオミミクリー（生物模倣）	バイオは生物、ミミクリーは真似をすること。生物の真似をして最先端の科学技術を開発することを指す。カワセミのくちばしを真似た先端をもつ新幹線など

● エネルギー

キーワード	説明
スマートグリッド	太陽光、原子力、火力、水力など多様な電力を、IT技術を活用して効率的に需給バランスをとり、電力の安定供給を実現する次世代送電網
可採年数	・ある年の確認可採埋蔵量をその年の生産量で割った値のこと。現状のままの生産量であと何年生産が可能かを示したもの ・石油は約46年、天然ガスは63年、石炭は119年（2011年末時点）
化石エネルギー	古代のプランクトンなどが土中で化石化したもの。世界の一次エネルギー消費の90%近くを占める（例：石油・石炭・天然ガス）
非化石エネルギー	原子力（ウラン）・水力・風力など
一次エネルギー	自然界に存在するままの形でエネルギー源として利用されるもの（例：石油、石炭、天然ガス、ウラン、太陽光、風力）
二次エネルギー	一次エネルギーを加工して得られるエネルギー（例：電気、ガソリン、都市ガス）
再生可能エネルギー	自然界に存在し繰り返される現象であるエネルギーに由来し、再生されるエネルギー源を指す（例：太陽光、太陽熱、風力、水力、地熱、バイオマス、温度差など）

キーワード	説明
新エネルギー	石油代替のエネルギー（例：バイオマス、太陽熱利用、雪氷熱利用、地熱発電、風力発電、太陽光発電など）で、技術的に導入段階であるもの。コストが高いため普及に支援が必要なもの
太陽光発電	2020年度の導入量の順位は、中国、米国、日本となっている
メガソーラー	発電規模が1MW（1,000KW）以上の出力を持つ太陽光発電施設のこと
風力発電	2020年度の導入量の順位は、中国、米国、ドイツとなっている。日本は6位
ウインドファーム	大規模な風力発電施設
バイオマスエネルギー	化石資源を除く動植物に由来する有機物でエネルギーとして利用できるもの
バイオ燃料	サトウキビ、トウモロコシなどからのバイオエタノールや、大豆など植物油などからつくられ、ディーゼル車などに利用されるバイオディーゼル燃料がある
燃料電池	都市ガスなどから水素を抽出し、空気中の酸素と電気化学反応をさせ発電。燃料電池は部分負荷でも高効率発電ができる
インバーター	交流電気を直流に変え、さらに周波数の異なる交流に変える装置で、細かい制御でエアコンなどの消費電力を抑える技術
カーボンニュートラル	二酸化炭素の増減に影響を与えない性質のこと。植物はその成長過程で光合成により二酸化炭素を吸収しており、燃焼させると二酸化炭素を発生するが、**ライフサイクル全体では収支ゼロという考え方**

● 日本のエネルギー対策

キーワード	説明
3E+S	安定供給の確保（Energy security）、経済効率性（Economic efficiency）、環境への適合（Environment）と、安全性（Security）を指す。日本のエネルギー政策の基本となる
エネルギーミックス	エネルギーの多様化とそれぞれの特性に合わせて利用すること
固定価格買取制度（FIT）	太陽光などの再生可能エネルギーを用いて発電された電力を電力会社に買取を義務付けること。国が価格や期間を決定する
分散型エネルギーシステム	原子力発電所や火力発電所などの集中型でなく、太陽光発電やバイオマス発電など地域内で発電・消費するエネルギーの地産地消システムのこと

キーワード	説明
省エネ法（エネルギーの使用の合理化に関する法律）	国内外での燃料資源を有効利用するために、工場・輸送・建築物および機械器具についてのエネルギーの使用の合理化を進めるために必要な措置などを行い、国民経済の健全な発展に寄与することを目的としている
新エネルギー法（新エネルギーの利用等の促進に関する特別措置法）	石油代替の新エネルギー（すべて再生可能エネルギー）について定められた法律
トップランナー方式	省エネ法では、メーカーなどに対象機器を特定し、省エネ目標値（トップランナー基準）の達成を義務づけている。それによってお互いの競争を促し、社会全体の省エネを実現しようとする考え
ESCO事業	省エネルギーに関する包括的サービスの提案、施設の提供・維持・管理などを提供する事業。省エネ効果の保証などにより顧客の省エネ効果（メリット）の一部を報酬として受け取る事業
再生可能エネルギー特別措置法	2011年8月成立。2012年7月から施行。事業者が太陽光、風力、水力、バイオマス、地熱などの再生可能エネルギー源を用いて発電した電力を電力会社に対し、一定期間・一定価格で買い取ることを義務づけた法律

● 地球サミット

キーワード	説明
環境と開発に関する国連会議（地球サミット）	1992年ブラジル、リオデジャネイロで開催。「気候変動枠組条約」「生物多様性条約」の署名開始、および「森林原則声明」「アジェンダ21」「リオ宣言」などを採択
環境と開発に関するリオデジャネイロ宣言（リオ宣言）	持続可能な開発に向けた地球規模での新たなパートナーシップの構築に向けた宣言。地球サミットの成果のひとつ
アジェンダ21	リオ宣言の諸原則を実施するための行動計画。地方公共団体の取り組み推進のため、ローカルアジェンダ21の策定を求めている
持続可能な開発に関する世界首脳会議	2002年ヨハネスブルグ（南アフリカ）で開催。「経済発展・社会開発・環境保全」がテーマ。「持続可能な開発のための教育」などの議論がされた

● 環境問題の動向

キーワード	説明
成長の限界	1972年ローマクラブが発表。現在のまま人口増加や環境破壊が続けば、100年以内に人類の成長は限界に達すると警鐘を鳴らした報告書。地球規模の環境問題が認識される端緒となった
ローマクラブ	イタリアのオリベッティ社副社長であったアウレリオ・ベッチェイ（Aurelio Peccei）博士が主導して、資源枯渇・人口増加・軍備拡張・経済・環境破壊など全地球的な問題の回避策を探索するため1970年3月に設立した民間のシンクタンク
人間環境宣言	ストックホルム会議で採択された宣言。環境問題が人類に対する脅威であり、国際的に取り組む必要性とその原則を説いている
国連人間環境会議（ストックホルム会議）	1972年スウェーデンのストックホルムで開催された、環境問題についての世界初の大規模な国際会議。「人間環境宣言」「環境国際行動計画」が採択。環境保全に大きな影響を及ぼした
国連環境計画（UNEP）	「人間環境宣言」と「環境国際行動計画」を実施するための機関として1972年に設立。環境問題の諸活動の全般的な調整、その他新たな課題の国際的取り組みの推進を目的としている
持続可能な開発	開発は環境の上に成り立っているもので、切り離して考えられるものではないという考えから、環境保全の必要性を示すことば。環境保全の基本的な共通理念

● 京都議定書とポスト京都議定書

キーワード	説明
地球温暖化防止京都会議（COP3）	1997年12月開催。「気候変動枠組条約締約国会議」の第3回締約国会議。京都議定書が採択された
京都議定書	先進国に対して具体的数値目標（先進国全体では5.0%減、主要先進国全体では5.2%減）を設定し、温室効果ガス削減を義務づけるもの
削減対象温室効果ガス	二酸化炭素、メタン、一酸化二窒素、HFC、PFC、SF_6の6つ
各国の削減目標	マイナス8%…ドイツ、フランスなど マイナス7%…アメリカ（離脱） マイナス6%…日本、カナダなど
京都メカニズム	市場原理を活用し、国際的な排出量削減コストの平均化を図ることにより、排出削減コストを低減化する仕組み。京都議定書の目標達成方法の特徴。①共同実施（JI）、②クリーン開発メカニズム（CDM）、③排出量取引（ET）

キーワード	説明
共同実施 (JI)	投資先進国（出資する国）がホスト先進国（事業を実施する国）で温室効果ガス排出量を削減し、そこで得られた削減量を取引する制度。先進国全体の総排出量は変動しない
クリーン開発メカニズム (CDM)	先進国と開発途上国との共同プロジェクトで承認された排出量を先進国と途上国との間で取引する制度
排出量取引 (ET)	先進国間での排出枠の受け渡し。各国への初期割当量に対して、枠の余剰分や超過分を市場で取引する制度（例：キャップアンドトレード）

● 環境基本法と環境基本計画

キーワード	説明
環境基本法（環境基本計画）の成立背景	産業公害の発生に伴い1967年に制定された公害対策基本法では、地球規模での環境問題などの対応ができなくなり、環境保全施策を総合的、計画的に推進する目的で1993年に制定
環境基本法の基本理念	①環境の恵沢の享受と継承、②環境への負荷の少ない持続的発展が可能な社会の構築、③国際的協調による地球環境保全の積極的推進
環境基本計画	環境基本法の理念を実現するために政府が定める計画。「循環」「共生」「参加」「国際的取組」の4つの目標を掲げている
第4次環境基本計画	持続可能な社会実現のためには、「低炭素社会」「循環型社会」「自然共生社会」の実現が必要であるとしている
第5次環境基本計画	SDGsを地域で実践するためのビジョンとして「地域循環共生圏」の創造を掲げ、地域ごとに持続可能な社会の実現を目指すことが位置付けられた

● 循環型社会

キーワード	説明
循環型社会	天然資源の消費量を減らし、環境負荷を可能な限り低減した社会のこと
循環型社会形成推進基本計画（**基本的な枠組み法**）	循環型社会を実現するために政府が策定。循環型社会形成推進法の理念に基づき、廃棄物とリサイクルの総合的な視点から施策を推進
資源生産性	国内総生産（GDP）を天然資源などの投入量で割った指標

● 車社会の環境対策

キーワード	説明
モーダルシフト	トラック輸送から、環境負荷の少ない鉄道輸送や船舶輸送に切り替えることや、マイカー移動をバスや鉄道に切り替えること
ITS (Intelligent Transport System)	交通事故・渋滞など交通問題の解決を図る情報通信技術のこと（例：カーナビ、自動料金徴収システム）
自動車NOx・PM法	2001年施行。正式名称「自動車から排出される窒素酸化物（NOx）及び粒子状物質（PM）の特定地域における総量の削減等に関する特別措置法」。対策地域（首都圏・愛知・三重・大阪・兵庫の指定市区町村）では排気ガスが規定よりも汚れている車は登録ができなくなるという法律
エコドライブ	自動車から排出されるCO_2を削減するドライビング方法（例：燃費の良い車を選ぶ、アイドリングストップ）
パークアンドライド	最寄りの駅やバス停で、自動車から公共交通機関に乗り換えて目的地へ向かうこと
カーシェアリング	1台の自動車を複数の会員が共同で利用するシステム
ロードプライシング	道路課金システム。交通渋滞、大気汚染対策のため、都心部や渋滞時間帯での自動車利用者に対し、利用料を徴収して交通量を削減するシステム

● 化学物質による環境汚染と環境リスク対策

キーワード	説明
環境リスク	大気や河川、海などに放出された化学物質が、人や生態系に悪影響を及ぼす可能性のこと
化審法（化学物質審査規制法）	人の健康を損なう恐れと、動植物の生息および生育に支障を及ぼす恐れがある化学物質による環境汚染を防止するため、化学物質の製造・輸入・使用などについて必要な規制を行うことを目的としている。1973年以降、新たに製造・輸入される化学物質（新規化学物質）について、事前審査を行い、性状に応じた規制を行う
化管法	化学物質排出把握管理促進法（化管法）は、PRTR制度、SDSの提供に関する措置を定め、特定化学物質の環境への排出削減などの管理改善を促す法律
PRTR制度	事業者が、有害な化学物質がどのような発生源からどのくらい環境または人体環境へ排出・移動されたかデータを集計し、行政府に提出する制度。行政府はそれらの量を集計・公表する

キーワード	説明
SDS（安全データシート）	Safety Data Sheetの略。事業者間での化学物質の取引の際に、化学物質の危険有害性、取扱上の注意等の情報を伝えるもの
水俣条約	水俣病を経験した我が国が主導し、2013年10月、水銀に対して、産出、使用、環境への排出、廃棄等そのライフサイクル全般にわたって包括的な規制をした条約
PCB（ポリ塩化ビフェニル）	熱安定性・電気絶縁性に優れ、トランス、コンデンサーなどに利用されていたが「カネミ油症事件」（1968年）の発生によりその毒性が社会問題化。1973年には製造・輸入・使用が原則禁止となった
リスクコミュニケーション	化学物質の環境リスク情報について、地域を構成する者（住民、企業行政など）が皆で共有し、対話などを通じてリスクを低減していくこと
カネミ油症事件	1968年にカネミ倉庫（株）で、食用油の製油過程で熱媒体として使用されていたPCBと、過熱され変化したダイオキシンが食用油に混入し、摂取した人々に障害などが発生した
ダイオキシン類（ダイオキシン）	ポリ塩化ジベンゾ−パラ−ジオキシン（PCDD）とポリ塩化ジベンゾフラン（PCDF）の総称。無色無臭の固体。意図的に作られるのではなく、炭素・水素・酸素・塩素が熱せられるような工程で意図せずにできてしまう。発生源の例：ごみの焼却工程、金属精錬の燃焼工程、紙の塩素漂白工程、森林火災、火山活動
農薬取締法	農薬について登録制度を設け、販売・使用を規制することで、農薬の品質の適正化とその安全・適正な使用の確保を図る法律

● 企業の社会的責任（CSR）

キーワード	説明
CSR	企業の社会的責任。経済・環境・社会をバランスよく機能させることにより、企業価値が高まり、企業の社会的責任が果たされるという考え方
ESG投資	これまではキャッシュフローや利益率などの定量的な財務情報が主に使われてきた。それに加え、非財務情報であるESG要素を考慮する投資のこと。環境・社会・企業統治の3要素で評価する
サステナビリティ報告書／CSR報告書	環境主体の「環境報告書」に加え、労働、安全衛生、社会貢献などを記載し、CSR全般をカバーした報告書。サステナビリティ報告書作成のガイドラインとして「GRIガイドライン」が2000年に発効された

キーワード	説明
フィランソロピー	企業自体、また企業社員による社会的貢献のこと
メセナ活動	企業の社会貢献のうち、特に芸術文化活動支援のこと
ステークホルダー	利害関係者。企業・行政・NPOなどの利害と行動に直接的、間接的な影響を与えるもの（例：投資家、債権者、顧客、取引先、従業員、地域社会、行政、国民など）
ステークホルダー・ミーティング	企業が株主総会とは異なる形式で、、株主、消費者、NPOなど多くの関係者から意見を聞き企業活動に活かしていくもの
コンプライアンス	法令順守。企業理念を守ること
トリプルボトムライン	企業は持続的な発展のために、経済面・環境面・社会面の結果を総合的に高めていく必要があるという概念のこと
ISO	国際標準化機構。電気分野を除く工業分野の国際的標準規格を作成するための組織。本部はスイスのジュネーヴ
ISO26000	（企業に限らず）組織の社会的責任を果たすための国際的な規格。第三者認証を目的としないガイドラインとして、2010年発行
CSRの企業価値創造への対応レベル	第1段階：法的責任 第2段階：経済的責任 第3段階：制度的責任 第4段階：地域・社会への貢献

● 環境改善の仕組みと環境マネジメントシステム

キーワード	説明
EMS	環境マネジメントシステム。企業など組織が環境を継続的に改善するための仕組みを定めたもの
ISO14001	環境マネジメントシステムの国際規格
日本生まれのEMS	エコステージ、エコアクション21、KES、その他地域や企業独自のEMS
EMS導入の要因①	規制だけではなく、企業や行政などあらゆる組織による自主的な環境改善への取り組みが重要であるという認識が世界的に広まったこと
EMS導入の要因②	中小企業が最も重要視した要因は、取引先からのグリーン調達要求への対応

キーワード	説明
EMSの効果的な導入のために重要なこと	①経営とEMSの一体化（環境改善目標は経営方針と一致させる）、②本来業務を改善（製品やサービスの環境改善が効果的）、③プロセスの改善（3R推進より発生源対策が効果的）
ISO14001の基本的仕組み	自ら環境改善のための計画を立て（Plan）、実施し（Do）、成果をチェックし（Check）、レビューする（Action）というPDCAサイクルにより、課題に対して環境パフォーマンスを改善していく
ISO14001の特徴	①どのような組織でも導入が可能、②仕組みを構築することの要求であり結果を要求するものではない、③目標、到達レベル、対象は自主的に決める、④環境に影響を与える活動・製品およびサービスが対象、⑤継続的改善を重視、⑥認証機関によって適合しているか確認可能
環境パフォーマンス	環境業績とも呼ばれる。組織（企業）が環境に関して取り組んだ結果、得られた実績や成果のこと。具体的には、電力削減や廃棄物削減、環境配慮型製品の開発など、効果が測定可能なものを指す
サプライチェーン	製品やサービス提供のため、原材料や部品の調達から、生産・販売・物流を経て消費者に供給（サプライ）するまでの一連の流れを管理する経営手法のこと。一連の流れを鎖（チェーン）にみたて、このように呼ばれる

● 環境報告書

キーワード	説明
環境報告書	企業や組織が環境保全に対して取り組んでいる内容を一般に情報公開する目的で発行する報告書。当初は「環境」を主体としたものだったが、「環境・経済・社会」をバランスよく向上させることが重要であることから、3分野を網羅したサスティナビリティー報告書、CSR報告書（一般にこれらを含めて環境報告書と呼ばれている）へと進化しつつある
環境配慮促進法	環境情報の提供の促進などによる特定事業者等の環境に配慮した事業活動の促進に関する法律。国などの機関は環境配慮の状況の公表、特定事業者は環境報告書の公表などが定められた
GRI（グローバル・リポーティング・イニシアティブ）	企業の環境責任10原則、「セリーズ原則」を取りまとめた団体。企業の持続可能性に関する報告書について国際的なガイドラインを策定することを目的として発足

● 企業内環境教育と金融の役割

キーワード	説明
環境教育の方法	①セミナー型、②ワークショップ型、③eラーニング型 ➡ スポット的ではなく継続的で体系的な教育プログラムが重要
環境保全活動	環境教育推進法の定義によると、地球環境保全、公害の防止、自然環境の保護や整備等を主な目的として自発的に行う活動のうち、環境保全に直接効果を持つ活動のこと
社会的責任投資（SRI）	企業の評価を売上や利益だけで行うのではなく、環境保全など社会的取り組みを含めて評価し、投資を行うこと

● 環境改善の主な手法

キーワード	説明
環境問題への対策手法	①規制的手法（法規制）、②自主的取り組み（企業や消費者の自主的なもの）、③経済的手法（税・課徴金、排出量取引、デポジット、補助金）
規則的手法	①行為的規制：民間の創意工夫はある程度制約を受けるが、緊急の場合ややってはいけないことを規制する場合には有効 ②パフォーマンス規制：定められた環境パフォーマンス（環境影響の大きさ・環境改善の程度）のレベルを確保する方法 ③手続き規制：一定量を超える化学物質の移動排出について報告を求める規制（PRTR法）などすべての手続き規制に該当
経済的手法	①経済的負担措置：環境税、炭素税、排出課徴金、製品課徴金、ごみ有料化、ロードプライシングなど ②経済的助成措置：補助金、税制優遇、再生可能エネルギー固定価格買取制度など
排出量取引	国や企業ごとに汚染物質の排出枠を設定し、一定量の排出ができる権利を割り当て、市場での取引を認め、排出量削減を行う制度。①キャップアンドトレード、②ベースラインアンドクレジット
キャップアンドトレード	国や自治体が各企業の排出枠を定め、企業間での排出量の移転を認める制度
ベースラインアンドクレジット	排出量削減の活動を実施し、活動がなかった場合と比べた排出量削減量をクレジットとして認定し、これを取引する制度
デポジット	消費者の回収意識向上を図るため、製品価格に預託金を付加し販売する制度

キーワード	説明
補助金	環境汚染を防止する新技術や開発および活動に伴う費用の一部を支援する制度
地球温暖化対策税	すべての化石燃料（石炭、石油、天然ガスなど）の利用に対する石油石炭税にCO_2排出量1t当たりの係数を掛けたものを上乗せするもの。この税収は省エネ対策や、再生可能エネルギーの普及などの諸施策の実施に充てられる

● 日本の地球温暖化対策

キーワード	説明
エコまち法（都市の低炭素化の促進に関する法律）	市町村が市街化区域についてコンパクトシティ化などの低炭素まちづくりや、低炭素建築物の普及などの取組を推進する法律
コージェネレーション	タービンやエンジンなどの発電設備から出る排熱を回収して冷暖房や給湯などのエネルギーに使うシステムのこと。省エネ効果が高い
ヒートポンプ	低温の熱源から熱を吸収して、高温の熱源を過熱する装置。冷凍・冷蔵庫、給湯器などで使用。節電・節水効果が高い
もったいない	ケニアの元副環境大臣の故ワンガリ・マータイ氏が資源の持続的活用を広める言葉として世界に発信した
ソーシャルビジネス	少子高齢化、福祉、環境、貧困問題など、さまざまな社会問題の解決を目的として収益事業に取り組む事業体のこと
フェアトレード	輸入相手国の環境と暮らしを守るために、経済的自立を支援できるよう適正価格で取引をすること
カーボン・オフセット（炭素相殺）	日常生活や企業活動、イベントなどで二酸化炭素を排出した分を、植林や再生可能エネルギーなどのエコ事業に投資して埋め合わせすること
ウォーターフットプリント	ある製品のライフサイクルに使われた水の総量を表したもの。水資源の重要性から注目されている
カーボンフットプリント（CFP）	製造から廃棄までの商品の一生に排出される温室効果ガスを「見える化」したもので、温室効果ガスの排出量をCO_2換算量で表す
バーチャルウォーター（仮想水）	輸入する食料を国内で生産するとしたら、どのくらいの水が必要とされるかを表したもの。日本で使われている水とほぼ同量の水がバーチャルウォーターとして輸入されている

● グリーン購入

キーワード	説明
グリーン購入	消費者や企業が製品やサービスを購入する際、環境への負荷が少ないものを選んで購入すること
グリーン購入対象製品の基本原則	①必要性の考慮（購入前に必要性を考える）、②製品・サービスのライフサイクルの考慮（省エネ性・長期使用性など）、③事業者取り組みの考慮（EMS導入など）、④環境情報の入手・活用（グリーン購入ネットワークなど）
グリーン購入ネットワーク（GPN）	グリーン購入の取り組みを普及・促進するため、1996年に行政企業、学識経験者、消費者団体により設立された組織

● LCA

キーワード	説明
ライフサイクルアセスメント（LCA）	環境負荷の改善を図るため、製品のライフサイクルで環境に与える影響がどの程度なのかを定量的に評価する代表的手法
LCA活用の用途	①環境負荷を低減した商品およびサービスの開発、②環境負荷低減量の把握、③グリーン調達基準、④環境マネジメントシステム目標の設定とパフォーマンス評価、⑤環境報告書、環境会計、⑥カーボンフットプリント

● 環境配慮設計

キーワード	説明
環境配慮設計	DfE：Design for Environment。製品のライフサイクル全工程にわたって、環境への影響を考えた設計のことで、環境負荷のより低い製品の設計・開発に使用
環境配慮設計のメリット	①製品原価・廃棄コストの低減、②コンプライアンス強化、③継続的環境改善のモチベーション向上、④従業員の環境意識向上、⑤グリーン調達・購入を要求する顧客への対応
RoHS指令	PCや家電製品など電子・電気機器に対し、特定有害6物質（鉛・カドミウム・水銀など）の使用を制限するEU指令。2003年2月交付、2006年7月施行
WEEE指令	廃電気・電子製品に関するEU指令。各メーカーに対して、収集・リサイクル・回収費用を負担させる指令
REACH規則	EU圏内で年間1トン以上製造・輸入される化学物質（既存も含む）の毒性情報などの登録・評価・認定を義務づけたもの

● 各主体の役割

キーワード	説明
パブリックコメント制度	行政機関が政策を立案し決定する際に、その案を公表し、広く国民から意見、情報を募集する手続き
参加型会議	社会問題について、ステークホルダー（問題当事者）や一般市民の参加のもと市民提案をまとめたりする会議

● 食生活

キーワード	説明
食料自給率	日本の食料自給率はカロリーベースで37%（2020年度）

キーワード	説明
フードアクションニッポン (FOOD ACTION NIPPON)	日本の食料自給率を上げるため、国・地方公共団体・賛同企業・大学・個人会員などが共同で行っている活動。2008年活動開始
フードマイレージ	食料の生産地から食卓までの距離のこと。食料輸入量重量 (t) ×輸送距離 (km)。大地を守る会などではフードマイレージにより算出した CO_2 の量を poco (ポコ) という単位で示している
地産地消	地元で生産した食材を地元で食すこと。輸送による環境影響が少なく環境に優しいと考えられている
旬産旬消	旬の食材を旬の時期に食すこと。栄養価が高く、安価で、環境負荷も少ない
エコファーマー	1999年制定の「持続性の高い農業生産方式の導入の促進に関する法律」に基づき、たい肥等を使った土づくりと化学肥料・化学農薬の使用の低減を一体的に行う農業者のことを呼ぶ。都道府県知事が認定する
コンポスト	微生物の働きを利用して家庭の生ゴミや家畜糞尿から肥料をつくる技術。または生成されて、有機性廃棄物を分解した堆肥そのもののこと
食品ロス	本来食べられるのに廃棄されている食品。国内の発生量522万tのうち、247万tと約47%が家庭からの廃棄と推計されている。(2020年度)

● 食の安全・安心ルール

キーワード	説明
消費期限	生鮮食品や加工品などに対して、安全性を損なう恐れがない期限を年月日で表示
賞味期限	味と品質が十分に保てると製造業者が認める期限を表示。期限が過ぎても安全性に問題がない場合もある
食品の トレーサビリティ	食品の流通経路を生産から最終消費者段階まで追跡 (トレース) 可能な状態を指す。安全性を判断する材料となる

● 住まい

キーワード	説明
シックハウス	住宅室内の空気に関する問題が原因として発生する体調不良を指す。2000年にシックハウス法が施行
シックハウス症候群	揮発性有機化合物（VOC）による居住空間の汚染が原因となって起きる健康障害
特定測定物質	神経や呼吸器が過敏に反応してしまうアレルギー症状を引き起こす化学物質。ホルムアルデヒド、トルエン、キシレン、エチルベンゼン、スチレンが指定されている
アスベスト	石綿。断熱効果が高く安価な建材として使用されていた。細かな繊維を吸い込むとじん肺、悪性中皮腫を引き起こすことがある

● 暮らしと環境

キーワード	説明
コンパクトシティ	公共施設などの機能をまちの中心部に集約し、住宅や商業地区などを集中させた都市
グリーンツーリズム	緑豊かな農山漁村地域で、その自然、文化、人々との交流を楽しむ滞在型の余暇活動のこと
エコツーリズム	自然を損なわない範囲で、自然観察や先住民や地元の人の生活や歴史を学ぶ新しいスタイルの観光形態
自然環境保護の取り組み	①自然環境保全地域の指定、②自然公園の指定、③自然再生の推進
世界遺産	2023年1月現在、世界遺産は文化遺産900件、自然遺産218件、複合遺産39件を含む1,157件。日本からは文化遺産20件、自然遺産5件。最新の登録は2021年7月登録の奄美大島・徳之島・沖縄島北部及び西表島
グリーンコンシューマー	緑の消費者と呼ばれる。日々の買い物で環境を大切にし、次世代に環境問題を押し付けるのではなく、自らが環境に配慮した行動をとる人をいう。10原則として、「必要なものを必要な量だけ買う」「長く使える物を選ぶ」などがある
ビオトープ	動植物が住みやすいように環境を整え、生態系が保たれた生息空間のこと

キーワード	説明
ソーシャルビジネスと コミュニティビジネス	「ソーシャルビジネス」が社会的課題全般の解決を目指すのに対して、「コミュニティビジネス」は、地域市民が主体となって、地域社会の課題をビジネス的に解決していくもの。そして、その結果は地域に還元する事業
NGO と NPO	共に企業や政府から独立した組織。NGO（非政府組織）は主に国際社会で、NPO（非営利組織）は主に国内で活動する組織
テレワーク	オフィス勤務以外の勤務形態の総称であり、「離れて（tele）」「働く（work）」という言葉を組み合わせた造語。「在宅勤務」「モバイルワーク」「サテライトオフィス勤務」「ワーケーション」などがある
自助・公助・共助	防災、災害対応の分野で使われる概念。自分や家族は自分で守る「自助」、近所が助け合う「共助」、国や自治体が支援する「公助」
エシカル消費	環境、社会的公平性、倫理的（エシカル：ethical）などを視野に入れた消費やライフスタイルをいう
プロシューマー	Producer（生産者）とConsumer（消費者）を組み合わせた造語。生産者顔負けの知識や技術を持つ消費者のこと。アルビン・トフラーが著書『第三の波』（1980年）で示した概念

● 環境ラベルとフェアトレードマーク

キーワード		説明
エコマーク		(財)日本環境協会運営の第三者認証(判定・認証)①商品類型と認定基準がある。②事業者の申請に応じ審査し、マーク使用を認可
カーボンフットプリントマーク		原材料調達から廃棄リサイクルまでの製品のライフサイクル全体で排出される温室効果ガスを二酸化炭素(CO_2)に換算し、「見える化」したもの。炭素(カーボン)の足跡(フットプリント)
エコリーフマーク		(一社)サステナブル経営推進機構運営。定量的製品環境負荷データ(LCA)の開示。合格/不合格の判定はしない。評価は読み手にゆだねられる
FSC®認証		環境や動植物を守り、森林に依存する人々や林業従事者の人権を尊重し、適切に管理された森林の樹木や適切だと認められたリサイクル資源で作られた紙・木材製品につけられるラベル
SGEC認証		「SGEC(Susutainable Greeen Ecosystem Council)緑の循環認証会議」が適正に管理された認証森林から生産される木材などを、生産・流通・加工において管理し市民・消費者に届ける制度(ラベルの使用はSGEC/PEFCジャパンの承認を受けています)
有機JASマーク		農産物や農産物加工食品が、有機JAS規格を満たすことを表す。このマークが付いていないと「有機」「オーガニック」と表示できない
マリン・エコラベル・ジャパン(MEL)認証		水産資源の持続性と環境に配慮している事業者(漁業・養殖業・流通加工業)に与えられる、国際的に認められた日本生まれの認証ラベル。略称はMEL(メル)

キーワード		説明
MSC「海のエコラベル」	海のエコラベル 持続可能な漁業で獲られた 水産物 MSC認証 www.msc.org/jp	海洋環境や水産資源を守るため、持続可能で適切に管理されている漁業で獲られた水産物に与えられるマーク。国際的な認証制度で「海のエコラベル」とも呼ばれる。MSCはMarine Stewardship Council（海洋管理協議会）の略
ASC認証	責任ある養殖により 生産された水産物 asc 認証 ASC-AQUA.ORG	ASCはAquaculture Stewardship Council（水産養殖管理協議会）の略で、環境と社会に配慮した責任ある養殖で育てられた水産物に与えられる認証ラベルで、国際的な認証制度
統一省エネラベル	この商品の 省エネ性能は？	2006年10月省エネ法改正から開始された表示制度。エアコン、テレビ、冷蔵庫の3機器が対象。表示されているものは、省エネ性能の多段階評価（5段階の★印で表示、相対評価）、省エネ消費効率、目安電気料金など
ブルーエンジェル	BLAUER ENGEL DAS UMWELTZEICHEN	世界で最初に使用されたドイツのエコマーク
国際フェアトレード認証ラベル	FAIRTRADE	①適正価格の保証、②プレミアム（奨励金）の支払い、③長期的な取引、④児童労働の禁止、⑤環境に優しい生産などの基準を満たした製品についている

索引

●著者紹介

鈴木 和男（すずき かずお）

株式会社KAZコンサルティング代表取締役社長。

富士ゼロックス株式会社でSE統括センター長（事業部長）などを歴任。在職中から全国の企業・大学で500回以上の講演・講義を行う。2004年4月、株式会社KAZコンサルティング設立。経営、環境、品質、情報セキュリティなどのコンサルティングのほか、環境経営セミナー、経営革新セミナー（創業塾）など多岐にわたる講演を行っている。特に、エコピープル支援協議会主催の「環境社会検定試験（eco検定）」受験対策セミナーや、個別企業の受験対策勉強会まで、第1回試験から現在まで、全国一の講師実績を誇る。

そのほか、一般社団法人日本経営士会 代表理事（会長）経営士、経営革新支援アドバイザー、環境経営士、SDGs経営士、中国遼寧科技大学 客員教授、一般財団法人RINRI SDGs推進協議会 理事（会長）、公益社団法人全日本能率連盟 理事、一般社団法人エコステージ協会 全国＆東京地区理事、NPO法人日本環境管理監査人協会 理事、一般財団法人海外産業人材育成協会 コースディレクター＆講師、経済産業省「マテリアルフローコスト会計」＆「省エネ人材育成事業」アドバイザー、文部科学省「成長分野の中核的人材育成事業」実施委員、帝京大学、神奈川大学、横浜市立大学・大学院など講師。

2021年6月25日チェジュ（済州島）世界平和フォーラム日本代表講演、フジTV「特ダネ」、NHKラジオジャーナル取材協力、国内商工会議所、台湾、中国、インドネシア、タイなど講演多数。主な著書に『環境経営システム構築のすすめと手順』（中経出版社）、『環境活動ハンドブック』（エコピープル支援協議会編著）ほか多数。

カバーデザイン	西垂水敦（krran）
カバー・本文イラスト	藤原 なおこ
DTP・本文デザイン	BUCH⁺

かんきょう しゃかい きょうかしょ エコ けんてい もんだいしゅう
環境社会教科書 eco検定 テキスト＆問題集
かいてい はん こうしき たいおうばん
改訂9版公式テキスト対応版

2023年10月18日　初版第1刷発行

著　者	鈴木 和男
発行人	佐々木 幹夫
発行所	株式会社 翔泳社　（https://www.SHOEISHA.co.jp）
印刷・製本	株式会社 ワコー

©2023 Kazuo Suzuki

ISBN 978-4-7981-7929-2　　　　　　Printed in Japan